西頓
動物記
02
WILD ANIMALS I HAVE KNOWN

# 愛犬賓果

# BINGO, THE STORY OF MY DOG

厄尼斯特·湯普森·西頓
Ernest Thompson Seton

今泉吉晴
解說

狗的素描

野外生活宣言

# 愛犬賓果

推薦序

# 動物引領孩子進入充滿想像的自然世界

李偉文

臺灣每年出版的新書就有四萬種左右，若以全世界近二百個國家來說，每年正式出版發行的新書數量至少也有數百萬種，若再加上沒列入統計的網路文章與數位資料，恐怕是個難以想像的天文數字。

因此，能夠歷經時代考驗，一代又一代流傳下來的經典名著，就非常難能可貴，而且經過無數人的研讀與討論，這些書本已經不再只是一些故事而已，也可以反映出時代的氛圍與共同的關注。

西頓的動物故事集就是這麼一套經典著作，西頓是個自然學家，也是作家和畫家，他所寫的動物故事之所以流傳一百多年，能夠被不同國家，不同年代的大人與孩子們喜歡，原因就是因為他說的故事精采感人，而且還奠基在正確的生態知識上，他寫的每個故事，每段文字還像是優美的散文，在如詩如畫的描述中，相信能夠激起孩子的想像力以及探索大自然的好奇心。

哈佛大學教授威爾森曾提出「親動物性假說」，認為人類在基因中就存在喜歡親近接觸具有生命的生物的天性。

的確，通常孩子小時候會對昆蟲，尤其某些甲蟲有興趣，隨著年齡成長而逐漸會對大型的動物產生好奇，而且不管是大人或小孩，走入大自然，總是會有愉悅及平靜的感受，大自然是每個人的心靈原鄉。

而且人的認知與發展，通常是從具象開始，然後慢慢進展到抽象概念，即使想像力和創造力的培養，也必須從具體的經驗中去整合與延伸。因此從剛出生的小嬰兒開始至長大成人，在真實世界中探索，是我們正常的學習歷程。

可是隨著世界愈來愈複雜，我們無法只從自己本身的生活經驗去學會一切該知道的事情，這時候「故事」就承擔了我們認識環境的重要角色，透過故事理解這浩瀚神祕的世界。

人人喜歡聽故事，看故事，而且往往看到精采的故事時會「啊！」一聲的感嘆，這個驚嘆，就是我們重新認識世界的時候，也就是對舊的經驗重新詮釋，對熟悉或不熟悉的事件有了不一樣的體會。

西頓動物記以生動且擬人化的方式來說故事，很能夠打動孩子的心靈。我們常常說大自然是一本值得閱讀的大書，但是真正懂得閱讀的人，應該能夠將大自然的奧秘，轉化為對我們的生活，不管在精神或心靈上，都有所啟發與改變的機會，我相信對孩子來說，這一套動物故事，能達到這樣的效果。因為生物成長中有所謂「銘印現象」，比如某些種類的雁鴨在破殼出生的那一剎那，出現在牠面前的生物就會被視為牠的母親。

我們相信人類也有銘印現象，也就是我們常說的成長與學習的關鍵期。我們應該要在孩子對自然生命感受力最強的關鍵期，讓這些動物故事內化為孩子面對以後各種難關的力量。

不過我希望當孩子看見這些故事之後，能夠有機會在大人陪伴下，在真實的世界中看到這些生命，觀察牠們與環境之間的關係，牠們彼此的互動，體會到我們與這些動物共享著這個神奇豐富的世界。

本文作者為作家、荒野保護協會榮譽理事長

# 目錄

〈賓果〉（詩）……18
第一章 與賓果相遇……21
第二章 熱愛工作的賓果……31
第三章 賓果的心聲……45

第四章 賓果教我的事……53
第五章 追求自由的賓果……65
第六章 如果愛我，就要愛我的狗……73
第七章 從未忘記我的賓果……83
第八章 賓果的直覺……89

## 和飛鼠老師一起讀《愛犬賓果》

●〈賓果〉是一首什麼樣的詩呢？…… 108
●賓果是隻什麼品種的狗呢？…… 111
●狗可以抓到郊狼很厲害嗎？…… 116
●狗、郊狼和狼有什麼區別？…… 120
●西頓哥哥的農場在什麼地方？…… 123
●西頓住過簡陋的小木屋嗎？…… 127
●狗和郊狼都會造訪的界標是什麼？…… 132
●聽說從足跡可以看出動物的心情，是真的嗎？…… 137
●賓果邊跑邊跳是為了看得更遠，好聰明喔！…… 141

● 賓果就算冬天也睡在小木屋外，牠不會冷嗎？……146
● 書中出現的「犬族」是指狗的家人嗎？……152
● 灰狼是一種什麼樣的狼？……155
● 什麼是快步和襲步？……160
● 西頓討厭郊狼嗎？……163
● 西頓為什麼沒有一直養育賓果呢？……168
● 為什麼西頓自稱「獵人」？……176
● 為什麼西頓被捕獸器夾住時，馬兒不離開呢？……181
● 什麼是地鼠丘？……183
● 西頓離開農場後，過著什麼樣的生活呢？……184
● 人和動物真的可以當朋友嗎？……188

圖版出處……191
賓果之歌……192
後記……194

◎在接下來文章中出現的粗體字，讀到「和飛鼠老師一起讀《愛犬賓果》」時會有更詳細的解說喔！

# 賓果

富蘭克林的小狗　縱身躍過柵欄
這時候
大家一起拍拍手說：賓果
好厲害啊！賓果
好厲害啊！賓果
富蘭克林太太　釀了栗子色的啤酒
這時候

大家一起拍拍手說：史丁格
好好喝喔！史丁格
好好喝喔！史丁格

賓果和史丁格　真是一首好詩對吧？
沒錯
大家一起拍拍手說：丁果
真是一首好詩！丁果
真是一首好詩！丁果

# 第一章

# 與賓果相遇

現在回想起來，我之所以會養育賓果，起因於某個事件。

那是一八八二年十一月某個早晨的事了。北國加拿大曼尼托巴的冬天已經降臨，大草原上布滿皚皚白雪。我吃完早餐準備工作之前，正坐在椅子上享受一小段悠閒時光。從拓荒地農場上簡陋小木屋的玻璃窗望出去，大草原呈現一片白茫茫的雪景，牛舍粗壯的原木柱子十分顯眼，就像一幅美麗的畫作。

我凝望著這幅有畫框的雪景，慢慢將視線移到貼在牆上的〈富蘭克林的狗〉這首古老的詩。緩緩讀一遍這首詩，我繼續看向窗外的景致，就這樣任時間慢慢流逝。

突然間，雪景中出現一隻體型龐大的灰色動物，在雪原上以猛烈的速度奔跑著。另一隻體型較小、毛色黑白的狗，則拚命緊追在後。那隻灰色動物就像要尋找援手一樣闖進農場的牛舍，這

個事件讓我賞雪的興致瞬間煙消雲散。

「是郊狼！」我大喊著。為了幫助狗兒，我隨手抄起來福槍，衝出小木屋。

那隻狗是隔壁拓荒地農場的法蘭克。在我趕到之前，牠們已經離開牛舍，再度在廣大的雪原上奔馳。

被法蘭克窮追不捨的郊狼眼看情況危急，猛回頭狠咬一番，希望遏阻不斷靠近的法蘭克。法蘭克則稍稍後退幾步躲開郊狼的利牙，然後在郊狼身邊兜起圈子，伺機攻擊。雙方都只是盯著對手，沒有一方主動出擊。

此時，我雖然覺得距離太遠，但還是舉起來福槍，接連射出兩發子彈。兩發都沒命中，我只想拉開牠們的距離而已。接著牠們又開始在雪原上奔跳著，就像賽跑一樣往前狂奔。

Ernest Seton

　　我看著牠們奔跑的樣子，馬上明白法蘭克是罕見的飛毛腿。因為法蘭克迅速追上郊狼，而且咬中了牠的後臀。不甘示弱的郊狼馬上回頭反咬，法蘭克則靈敏地往後閃躲。

　　就這樣，被追趕的郊狼和追逐者法蘭克之間的戰役不停上演。牠們一會兒彼此跳開，一會兒又在雪原上追逐起來。每跑兩百碼（一百八十二公尺）左右，雙方就對峙一次，分開後再繼續往前跑，就這樣不斷你來我往。

　　法蘭克逼迫著郊狼往我家的方向前進，而郊狼似乎一心想逃往東邊遠方的黑暗森林，可惜無法如願。法蘭克徹底斷了郊狼想脫身的念頭。追逐戰持續了一哩（一點六公里）左右，兩隻動物跑了一大圈，最後還是回到了我家附近。

　　我在後頭漸漸追上牠們。法蘭克不知是否因為有我這個人類助陣而充滿勇氣，只見牠突然卯起勁來追上郊狼，並且像要一決勝負般跳到郊狼的身上。

這是一場激烈的肉搏戰，雙方不斷翻滾、互相撕咬。然而，勝敗就在數秒間立現。只見郊狼仰躺在地，身上濺滿鮮血的法蘭克已經一口咬住了郊狼的咽喉。直到郊狼動也不動，我才用來福槍結束牠奄奄一息的生命，沒花什麼功夫就完美地終結了這場戰役。

不知疲倦為何物的「飛毛腿法蘭克」在確定郊狼死去後，就沒有再多看上一眼。牠重返雪原狂奔，回到距離四哩（六點四公里）遠的隔壁農場。雖然那裡是郊狼現蹤的地點，但法蘭克絲毫不在意，因為農場主人——也就是法蘭克的主人——正在那兒等牠回家呢。

事實證明，法蘭克是一隻世所罕見的獵犬。就算沒有我的幫助，也能獨力殺死那匹郊狼。我聽牠的主人說，截至目前為止，法蘭克已經殺死了好幾頭郊狼了。

郊狼是一種類似灰狼的犬科動物，牠們的特徵是體型略小，但腳程飛快。儘管如此，郊狼的體型還是比法蘭克大上許多，絕對是難纏的對手。

自那時起，我就徹底為跑得飛快、腳力強勁的法蘭克而著迷。我甚至拜託隔壁農場的主人，無論多麼高價，都務必把法蘭克讓給我。當然，法蘭克的飼主沒有答應。

不過他說：「如果你這麼想要，我可以把法蘭克的小狗賣給你喔！」

既然飼主不打算賣法蘭克，我只好退而求其次。我依照飼主的建議，買下一隻可能擁有法蘭克才能的幼犬。我從法蘭克身旁的母狗所產下的小狗中，挑中了一隻。

這隻小狗絕對是偉大獵犬法蘭克的孩子！

牠一身黑又圓滾滾的樣子，就像把身體蜷縮成一團的西瓜蟲。與其說牠是一隻「小狗」，還不如說牠是尾巴很長的小熊更為貼切。不過，仔細看這隻小狗的毛色，會發現牠身上有和法蘭克一模一樣的駝色斑紋。我相信這隻小狗長大後，一定是隻出色的獵犬。

此外，這隻小狗的鼻頭有一圈白色斑紋，這是絕不會被錯認的專屬特徵。

獲得這麼出色的小狗之後，要給牠取什麼名字才好？我左思右想，最後毫不猶豫決定了牠的名字，畢竟我是因為閱讀〈富蘭克林的狗〉這首詩，才有機會

和這隻小狗結緣。那麼，在那首詩中能輕鬆跨越高大柵欄的名犬「賓果」，無疑是最合適的名字了。

# 第二章

# 熱愛工作的賓果

整個冬天，賓果都在我們拓荒農場的小木屋裡生活，一步也沒踏出門過。牠一吃飽就懶洋洋在家裡消磨時間，然後身體漸漸壯碩起來。

賓果心地善良，但也調皮搗蛋。在我看來，賓果每天只是大吃大喝，而且懶惰成性。

至於賓果的調皮個性，還帶有一種固執，不管吃多少苦頭，也絕對學不乖。

有一次，牠用鼻子靠近捕鼠器，結果啪嗒一聲就被夾住。即使痛苦萬分，牠還是學不會教訓，依然常常犯錯。這隻狗無

論做什麼，似乎總是以失敗收場。

就連面對同一個屋簷下的貓咪，也常吃足苦頭。賓果會刻意靠近貓咪，想跟貓咪打招呼，惹得貓咪因為害怕而亮出尖銳的爪子防衛。然而，賓果還是不以為意，牠比之前靠得更近，換來貓咪更加憤怒的張牙舞爪，最後這場戲總是以雙方互相叫囂、被迫分開收場。當然，賓果還是繼續牠親切的招呼方式。

然而，除了頑皮的一面，賓果也展現出與生俱來的務實性格。牠把睡覺的窩從小木屋移到倉庫，保留各自的獨立空間，如此一來也就減少見到臭臉貓咪的機會，最後牠和貓咪間劍拔弩張的氣氛，便自然而然地消失了。

到了春天，我開始教導賓果投入農場工作，想起這些訓練，真是一段痛苦的回憶。但對賓果來說，這些回憶應該更痛苦吧！經過漫長的煎熬，終於有一天當我說：

「去把牛趕回來！」賓果真的順利把牛趕回來了。

那是一隻很久以來就在農場生活的黃色母牛。這頭母牛每天早上會離開牛舍到草原去，找一處中意的地方吃草，並且待上一整天。大草原上沒有柵欄，所以每天吃草的地點也不甚固定。就這樣，傍晚時獨力前往草原，找到母牛，並把她帶回來，就成了賓果的工作。

學會怎麼做之後，賓果變得十分熱衷這份工作。

「去把牛趕回來！」

牠每天像就在等我說這句話，一聽到指令便衝向草原尋找母牛的蹤影。只見牠活力充沛地在草原間狂奔，甚至興奮地發出叫聲，邊跑

邊跳，高高飛掠空中。牠會高高地跳起，應該是為了找尋母牛所在位置，藉此瞭望整個草原吧！

不需花太多時間，賓果就能讓母牛以高速狂奔回來，而且在將母牛趕進牛舍時，也絲毫不放慢腳步，直到母牛氣喘吁吁回到牛舍最裡頭的圍籬內。

要是我能早點教導賓果不能操之過急、趕牛要溫柔一點就好了。但是，當時我和哥哥都為了應付永無止境的農場工作，根本沒有心思去管教賓果。

賓果愈來愈專注於這份工作。過不了多久，毋須等我或哥哥的命令：「去把牛趕回來！」賓果也會定時把「老鄧」（母牛的名字）帶回家。

而且，隨著日子一天天過去，賓果幾乎全心全意把心思放在老鄧身上。原本一天只需要趕一次牛，到了後來，演變成一天趕兩次，甚至……十二次。最後，賓果幾乎一整天都出門尋找母牛的蹤影。

只要賓果稍微想跑個步，或有兩、三分鐘空檔，或只是突然有趕牛的衝勁，就會大老遠把老鄧趕回來。賓果就像在競技場上的格雷伊獵犬，以衝刺的速度在草原上狂奔，幾分鐘後就帶著滿腹委屈的老鄧一起回家。可憐的老鄧，每次都跑得上氣不接下氣。

一開始，我們還不覺得這種行為有何不妥，甚至認為可以乘機讓老鄧運動，也不用擔心牠跑太遠，反而是好事一樁。然而過了一段時間，我們才知道賓果剝奪了老鄧的用餐時間。因為賓果總是追著老鄧跑，害得老鄧沒辦法安心吃草。

老鄧變得瘦弱許多，奶量跟著減少，而且因為害怕被賓果追趕，常常一副無精打采的模樣。不知道討人厭的賓果在哪裡？正在做什麼？讓老鄧總是神經質地往四周張望。

尤其是早上。

老鄧變成只願意在牛舍裡走來走去，不願意到外頭去。因為只要一跑到寬廣的草原，就會被賓果追趕，然後馬上被趕回牛舍，就算想去草地吃草也沒辦法。

事情演變成這樣，賓果的工作變得毫無助益。我和哥哥為了讓賓果對牛溫柔一點，絞盡腦汁想了許多法子，但都收不到效果，最後只能禁止賓果去趕牛了。

趕牛的工作被禁止後，只要接近老鄧擠奶的時間，賓果就會在附近趴著，寸步不離。彷彿是在說：「我也可以照顧牛。雖然我很想好好照顧牛，但人類都不讓我照顧。所以我決定守護牛隻，完成我的使命。」

季節流轉，進入夏季了。

突然間，大草原的蚊子全都聚集在一起，像雲朵般成群結隊朝我們襲來。成群的蚊子大軍不僅是人類工作的阻礙，對母牛老鄧也是一大威脅。為了應付蚊子的騷擾，老鄧得不停甩動尾巴驅趕蚊子，這個動作造成擠奶的人極大的困擾，農事工作也更加窒礙難行。

擠牛奶是我哥哥佛瑞德的工作。

佛瑞德喜歡發明，且沒有耐心。為了阻止母牛甩尾，他想到一個便利裝置。這個裝置很簡單，就是在老鄧的尾巴前端綁上一塊磚頭，增加重量。

佛瑞德得意的認為，這樣便能順利完成工作了！但是，真的沒問題嗎？我和其他伙伴都抱著半信半疑的態度。

隔天，蚊子軍團照例襲擊牛舍。不一會兒，我似乎聽到咚地一陣低沉的聲響，接著傳來佛瑞德的咒罵聲。

我趕到現場一看，老鄧一如往常，嘴裡塞滿了飼料葉，緩緩咀嚼著。只見暴怒的佛瑞德奮力起身，高高舉起剛才坐著的擠奶凳，要狠狠地打老鄧一頓。佛瑞德從

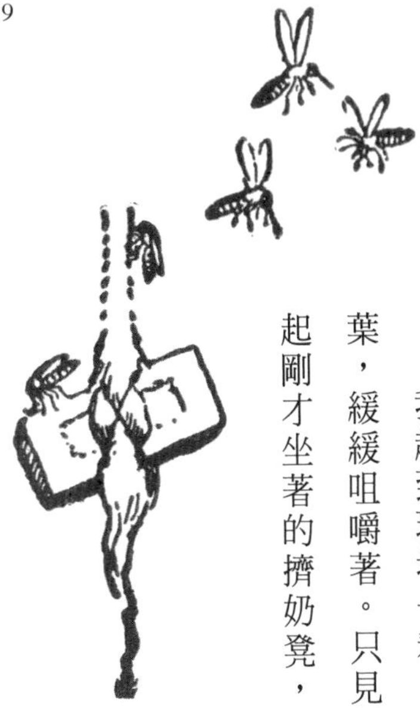

未想過被牛尾巴掃到會這麼慘。尤其此刻旁若無人的老鄧的尾巴，可是擁有超乎佛瑞德想像的怪力。

原來，老鄧為了驅趕蚊子用力甩動了尾巴，結果綁在尾巴上的磚頭就這樣輕易飛了起來，精準砸中佛瑞德的耳後——那可是頭部最脆弱的部位。光是這樣就已經很痛苦了，壞心眼的同伴還哈哈大笑，難怪佛瑞德嚥不下這口氣。

聽到牛舍裡絕少出現的歡呼聲，賓果迅速出動，飛奔前來。

「啊！終於輪到我出場了！我必須幫忙佛瑞德。」

然後，賓果當著佛瑞德的面，很狠咬了老鄧一口。

直到混亂的場面冷靜下來，牛奶桶已經翻倒在地，而且還摔破了，牛奶留了一地。最後老鄧和賓果都被佛瑞德毒打一頓。

最無辜的就是賓果了。明明是去幫忙，為什麼會被罵呢？牠一定無法理解吧！

賓果從很久以前就討厭老鄧，有了這次痛苦經驗，賓果完全放棄老鄧和牛舍了。原本在牛舍守護老鄧度過漫長時光的賓果，這回把注意力轉移到馬兒身上。此後，賓果幾乎只往馬廄跑，變得整日都在馬廄消磨時間了。

母牛老鄧是我的，而農場馬匹則是哥哥佛瑞德養的。自從賓果生活的重心從牛舍轉移到馬廄之後，對我似乎也沒這麼關心了。然而俗話說：「一日為友，終生為友。」在必要的時刻，賓果總是擔心著我，而我也同樣在乎著賓果。

賓果讓我了解到：人狗之間的信賴關係，只要雙方都還活著，就會延續下去。

賓果這輩子還有另一次以牧牛犬身分工作的經驗，那是在同年秋天舉辦「康堤博覽會」（坎伯利舉辦的豐收祭）的時候。

康堤博覽會的亮點之一，就是牛隻家畜的展覽秀，所有墾荒者都會報名讓自家精心飼養、引以為傲的動物參加展覽，而主辦單位也會安排華麗的頒獎典禮，將獎狀頒發給優秀的家畜。

其中，「最佳受訓牧羊犬」的獎項除了獎狀之外，還提供兩元獎金。

喜歡熱鬧慶典的朋友邀我帶著家畜參加博覽會。所以家畜秀當天，我一早就精神抖擻帶著賓果和老鄧出發。報完名後，老鄧就和其他的牛隻一起被放到村外的公共草原去了。

家畜秀終於開始了。我在一整排評審的面前指著遠方的老鄧，對賓果大喊：

「賓果，你看！是老鄧！」

這句話毋須解釋，就是要賓果跑到那裡，在評審們的注目下，帶著老鄧回到舞臺上的我身邊。我用明快的口氣下達了指令。

然而，那年夏天我們都很忙，完全沒有為了家畜秀而排練。所以賓果和老鄧都沒有把我期待牠們的聽命行動，當成一種家畜秀的表演，而是當成真的命令。

老鄧一看到賓果用飛快的速度狂奔而來，直覺唯一能躲過賓果攻擊的方式，就是像往常一樣趕緊奔回牛舍。另一方面，接收指示的賓果也一樣，認為牠的使命就是讓老

鄧以最快速度衝回牛舍。因此，這兩個傢伙就像狼追鹿一樣在大草原上衝刺，直奔兩哩（三點二公里）外我們自家的農場。

可想而知，康提博覽會舞臺上的評審們再也沒見到賓果和老鄧的蹤影，獎狀和獎金理所當然頒發給別的狗，而且牠是除了賓果以外，唯一上場表演的狗。

# 第三章

# 賓果的心聲

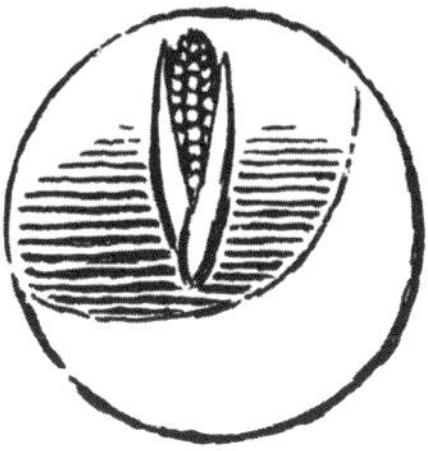

賓果對我們農場馬匹忠心耿耿的程度，幾乎令人讚嘆。白天，牠總跟在馬兒旁邊小跑，晚上，牠就睡在馬廄的入口處守護馬群。

我們農場裡的馬都是農用的工作馬，藉由馬群合力拉動馬車或犁具，協助農場工作的進行。只要馬群外出工作，賓果一定跟著去。無論是誰命令牠不准跟著馬群，或用各種手段禁止牠的行動，牠依然忠心不二地執行任務。

賓果認為農場的馬群等同牠的馬群，守衛著牠們除了是「工作」，更是一種「使命」，在賓果心中，這種想法已然根深柢固。為了讓大家思考接下來事件的涵意，請務必記住賓果的想法。

我從不迷信，而且長到這麼大，也從未認真看待世人所謂的不祥預兆。然而，接下來賓果身上發生的這件怪事，讓我真實而深刻地受

到衝擊。

那天，德溫頓農場（西頓哥哥的農場）只剩下我和哥哥佛瑞德兩個人。佛瑞德要去沼澤溪載運乾草，一大早就把馬群繫在一起，準備好馬車以便上路。這種前往遠方把事先割好的乾草堆上馬車再載運回來的差事，往往需要耗時一整天，加上路途遙遠，哥哥希望盡早出發。

然而到了出發時刻，不可思議的是，賓果竟然沒有打算跟著去。這可是史上頭一遭，我和佛瑞德都納悶不已。

佛瑞德在馬車上吆喝著賓果出發，

但賓果像在躲避什麼似的，一直和馬車保持距離，只是死死盯著馬隊。接著，賓果突然鼻子朝天，發出一聲憂傷的長嚎。

馬車出發後，賓果看著馬隊走出視線，直到再也看不見了，還往馬車消失的方向跑了近百碼（九十一公尺）才停下，而且發出比剛才更大聲的長嚎。

拒絕跟上馬隊的那天，賓果整天都窩在農場的大倉庫裡，像在擔憂什麼似的不停跺步，而且不時

發出陣陣嚎聲。當時我一個人看家，賓果的行為讓我有種不祥的預感，隨著天色漸晚，我的心裡愈發感到不安。

下午六點左右，賓果發出令人不忍細聞的嚎叫，我完全不知該怎麼辦才好，只好抄起東西將賓果趕開，我的憂心和恐懼升到極限，紊亂的思緒，語言筆墨實在難以形容。

我想著，為什麼讓哥哥一個人出門？說不定這輩子我再也見不到

他了。要是當初我仔細觀察賓果的行為，坦然面對可能會發生的不幸，認真看待這些預兆就好了！

好不容易終於盼到哥哥回來了。我看到馬車上的佛瑞德接手拉過馬群，一顆心陡然放下，頓時充滿幸福而踏實的感覺。我若無其事地問哥哥：

「沒發生什麼事吧？」

「嗯，沒發生什麼事。」哥哥簡短回答道。

儘管最後沒發生什麼不幸，但也不能斷言賓果的舉動完全沒意義，不是嗎？

在那件事過去很久之後，某天，我把事情的始末告訴一位手相占卜師。占卜師聽完，表情嚴肅地問我：

「話說回來，只要危急時刻，賓果一定會擔心你吧？」

我回答：「是啊！」

占卜師緩緩說道：「真是如此，這可不是開玩笑的。那天不能說什麼事都沒發生。我想，有危險的人是你才對。賓果並非感覺到你哥哥要去的地方不安全，而是察覺到你的附近有危險，所以才會待在你身邊，要把你從某種可怕的危機中救出來。至於到底是什麼危機，現在也不得而知了……」

# 第四章

# 賓果教我的事

春天快到了，我開始教導賓果執行農場的其他工作。然而，當我教賓果的事愈多，才發現不是我教牠，而是牠教我。

我們的農場小屋和坎伯利村莊之間，有一片長達兩哩（三點二公里）的草原，正中央豎立了農場的界標。那是一根插進土堆的堅固柱子，從遠處也能看得一清二楚。

我很快發現，賓果只要經過這根顯眼的柱子，就會仔細調查一番。這讓我知道一件事：對於賓果或附近所有的狗兒，以及相當於「野生犬類」的郊狼而言，這根柱子擁有勾起好奇心的神祕力量。

我多次用望遠鏡觀察，才理解這根柱子對動物的意義。也因此，我對賓果的生活有了更寬廣而深入的認知。

對造訪農場界標的**犬族**（家畜犬及郊狼）而言，這根柱子就等同人類社交聚會時的「簽名簿」，扮演了公共通訊的角色。人類社會中，參加聚會者必須在筆記本上寫自己的名字（也就是簽名），如此一來，就算彼此不熟識，也能看名字認出對方是參加聚會的夥伴。

同樣的，犬族造訪柱子這本「簽到簿」時，也會留下氣味和足跡。牠們會運用靈敏的嗅覺調查在這之前造訪此地的**氣味和腳印**，以便知曉誰曾經到過這裡。

時光流逝，又到了下雪的季節。

我從界標周圍的雪地足跡，認識到更多關於「簽名簿」的功能。

犬族在雪地留下的腳印往往從一根柱子延續到下根柱子。我看到的那根農場界標柱，只是散布於該地區、擁有相同功能的眾多柱子之一罷了。

簡而言之，犬族在整個地區，每隔一段距離就設下一個信號站。這些柱子就是信號站，連結了彼此的訊息。當然，不只農場的界標能夠當作氣味信號站。比如大石頭或水牛頭骨等類似界標柱的物件，只要在大草原上足夠顯眼，都可以作為公共信號站。

我進一步觀察發現，氣味信號站是一種能讓犬族取得情報並傳遞訊息的超優質通訊系統。每一天，狗和郊狼在散步途中都會前往氣味

信號站，獲知某個朋友稍早來過這裡。這種行為就和人類來到城鎮後，前往各自的會員制俱樂部簽名，然後順便翻閱簿子，察看是否有其他人來簽名一樣。

某天，我看見賓果走近農場界標，東聞西嗅後，便嚎叫了起來。牠豎起身上的毛，目光炯炯，用後腳猛力刨抓著地面，然後誇張地邁著大步離開，偶爾還回頭看看界標。

這麼特殊的動作，背後的意義可以這樣解釋：

「嘎嗚——汪！麥卡錫家那隻沒用的狗竟然來了！汪！這個狂妄的傢伙，給我等著瞧。天黑之後，我再去收拾你！汪！汪！汪！」

還有一次，我看到賓果到界標處做完平時會做的事後，突然全身僵硬起來，專心檢查起稍早來過的郊狼腳印。過不了幾天，我就聽一名拓荒者朋友聊起附近農場死了一頭母牛。我這才想到，賓果從郊狼的足跡，可能獲得以下的訊息：

「從北邊來的混蛋郊狼，腳印上還留著死去母牛的味道。北邊某個地方一定有牛被殺死。這樣看來，波沃斯家農場的老母牛布林頓終於死了。好，我要趕快去調查。」

又有一次，我看到賓果嗅完柱子的氣味後，開心地猛搖尾巴。牠在柱子周邊奔來跑去，不斷回到柱子旁留下自己的氣味，在柱子上摩擦身體。大概是賓果那住在布蘭登的兄弟比爾回到老家了吧！果然，幾天後的某個夜晚，比爾真的來拜訪賓果了！

我相信比爾和賓果早在柱子上聞到彼此的氣味，所以見面的時候並沒有太過騷動。那天，為了慶祝這重逢的時刻，牠們便一道前往山丘大啖美味的死馬。

還有一次，儘管我毫無頭緒，但我知道賓果聞了柱子上的味道，像聽到了什麼八卦，急急忙忙衝往了下個信號站。

調查氣味信號站，當然不是每次都有重大的消息。

有時候賓果會露出百無聊賴的表情，像在自言自語：

「這個毫無變化的味道究竟是誰啊？總覺得在哪兒見過？」

「嗯，可能是去年夏天在河邊碰到過的傢伙……」

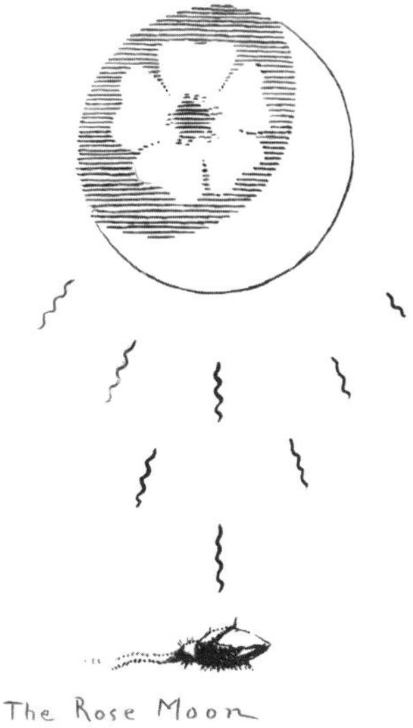

某天早晨，賓果在靠近農場的界標柱之後，全身汗毛都豎了起來，尾巴向下捲起，而且不停顫抖。牠那個樣子看起來像是突然肚子不舒服，但其實是一種處於極度恐懼的狀態，可以說，賓果用全身在表達情緒。

這股令人恐懼的氣味讓賓果一點兒也不想繼續調查下去，而且也沒有到其他信號站去確認消息。

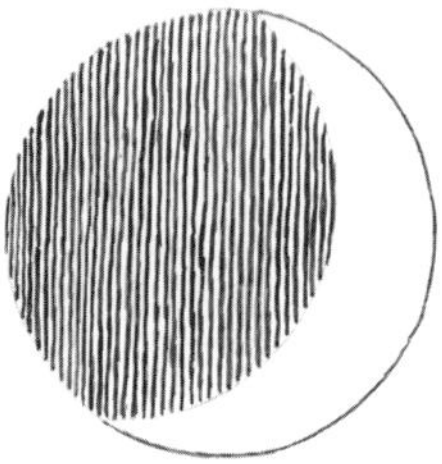

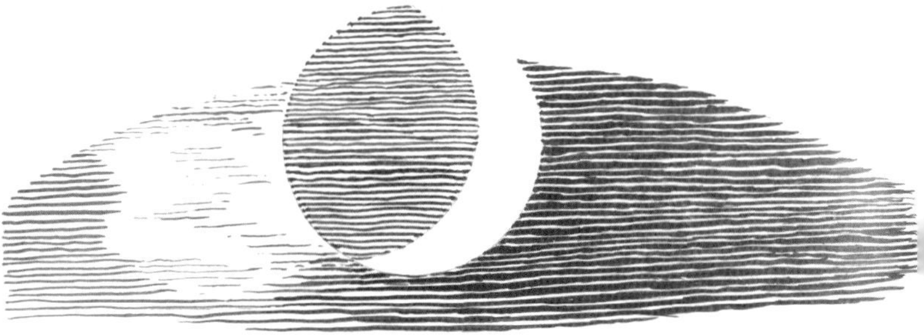

Long-Night Moon

賓果什麼都沒做，就這樣返回農場的家。三十分鐘後，牠仍是豎著全身的毛，表現出對柱子氣味的反感和恐懼。

好奇心使然，我也前往農場的界標處察看。

結果，我看到了以犬族來說非常不合理的超大腳印。我突然意識到，賓果用低沉的吼聲發出「嘎嗚——」的嚎叫，那代表著「**灰狼**」的意思。

以上都是賓果教我的事，而且只是其中一小部分。就這樣，我和賓果愈來愈了解彼此。

我看過賓果在馬廄入口那個毫無遮蔽、又冷又凍的窩裡小睡片刻，半夜裡悠然起身，伸展、抖動著身體，把堆在厚厚毛皮上的雪花甩掉，然後以**穩定的快步**在暗夜裡行走。

我目送賓果離去，在心裡對賓果說：

噢！賓果，我的好朋友。
你為何不來有溫熱暖爐的小木屋，
而是前往大草原深處呢？

噢！賓果，我的好朋友。
越過丘陵，越過山谷，
你從什麼時候開始每晚到曠野旅行呢？

噢！賓果，我的好朋友。
你在夜裡的大草原上尋找什麼？
你要如何尋找？何時才能找到呢？

原來是這樣啊！
現在，我能了解你的心情了。

# 第五章

# 追求自由的賓果

一八八四年的秋天，哥哥結束了德溫頓農場的經營，準備轉職。賓果只好移居我們兄弟的鄰居好友——戈登・萊特的農場。話雖如此，賓果依然像在德溫頓農場生活時一樣，即使到了別的農場生活，也絕不會進入人類的住家，而是把馬廄入口當成自己的窩。

這讓我想起在賓果還是小狗時，從第一次過冬起，就不會隨意進出人類的屋子，只有在碰到打雷閃電的暴風雨時例外。因為賓果打從心底害怕打雷和槍聲。我猜想賓果害怕的原因，顯然是打雷讓牠聯想到槍聲。

我認為賓果一定有過讓牠徹底對槍產生恐懼的經驗，所以才會害怕打雷。這個重要的事實對理解賓果過著什麼樣的生活很有幫助。既然如此，我就來談談賓果從被槍瞄準到害怕槍的過程吧！

如前所述，賓果每晚放鬆休息的小窩，是牠自己選擇的馬廄入口附近，那是個毫無遮蔽的地方。不過就算在萬物冰封一片的寒冷冬夜，賓果也不會換地方睡。因為這個小窩對賓果而言，是個晚上可以隨心所欲，在全然自由的狀態下享受散步樂趣的完美場所。

賓果的深夜享樂之道，就是在無邊無垠的草原上漫遊，來一場真正的散步。而且，牠散步的範圍廣達直徑數哩（約十公里）。為什麼我會知道範圍這麼大呢？很多證據可以佐證。

譬如，位於遠方農場的主人好幾次怒斥我的鄰居戈登，咬牙切齒地警告：「再不把你家的狗拴緊，我一定會用霰彈槍伺候，你最好有心理準備！」

賓果對槍聲的恐懼，顯示了農場主人的話並非只是單純的威嚇。

另一個住在派特洛的男人說，他在某個冬夜看到一隻大黑狼在草原上殺死郊狼，但之後他迅速改口，他本以為殺死郊狼的是「大黑狼」，後來他說：「噢，我完全弄錯了！我想那是戈登家那隻叫賓果的狗。那根本不是狼。」

賓果只要發現哪裡有因天氣寒冷而凍死的牛或馬，當晚就會趕往那兒，把郊狼趕走，大肆飽餐一頓。

賓果每晚的散步不一定都有明確的目的，有時只是為了跟附近（以賓果的角度來看是「附近」）的狗打架而出門。我們之所以知道這些事，也是因為遠方的農場主人特地跑來警告戈登，說自己的狗和賓果打架，結果受了重傷。下次被他逮到，一定要宰了賓果。

曾幾何時，賓果強壯和勇猛的聲名已經傳遍大街小巷了。

這段期間，賓果完全長成一隻優秀的成犬。而且，就算賓果真的被殺，也不必擔心牠強壯、勇猛和迅捷等基因會就此消失。因為有人告訴我一個鐵證如山的事實。

那人說，他在大草原中央看到一隻母郊狼帶著三隻又大又壯的小狼。那三隻小狼雖然長得像母親，但體型卻比母親還要健壯，毛色偏黑，而且鼻尖還有一圈白色斑紋。

我跟這個人不太熟，不確定他的話是否可信。然而，到了三月，我和戈登乘雪橇出門時看見了一件事。當時賓果也在場。事情是這樣的：

賓果正以猛烈的速度追趕一隻從山谷竄出來的郊狼。可是，那隻郊狼完全沒有要逃命的意思。我覺得很不可思議，眼看再快一點，郊狼就要被賓果一舉追上了。更令我驚訝的是，賓果竟然也不打算咬這匹郊狼！

只見賓果放慢了速度，開開心心和郊狼並肩小跑著，甚至舔了舔郊狼的鼻子。我愈來愈覺得古怪，不由得和戈登一起大喊，命令賓果立刻攻擊郊狼。我們邊喊邊接近的同時，郊狼就加快腳步一溜煙跑遠了。我看到賓果再度以飛奔的速度追上郊狼，然而，牠對待郊狼的溫柔態度顯而易見。

賓果（右）與母郊狼

這時我腦中靈光一閃，大叫：「那傢伙是母的！賓果絕對不會傷害她。」戈登回答：「原來如此，我想你說得沒錯！」

我們最後只好喚回毫無幹勁的賓果，繼續往前行進。

那件事之後的幾個星期，另一隻郊狼讓我們不堪其擾。

這隻郊狼跑到戈登的農場殺死雞隻並且叼走，還殺了豬隻，也不忘搬走豬肉。牠還趁主人到農場工作不在時，頻頻從窗戶偷窺，把孩子們都嚇壞了。這些行徑不只出現一次，而是重覆上演好多次，孩子們恐懼得全身發抖，但賓果卻始終未對郊狼出手。

某天，那隻郊狼（雖然知道牠是母郊狼）終於被隔壁農場的主人奧立佛給殺了。自此之後，賓果就對奧立佛滿懷敵意。

藉由這件事，賓果明確表達了對郊狼的真心。

# 第六章

# 如果愛我，就要愛我的狗

人類和狗之間互相信賴、彼此忠誠，共同度過了漫長的歲月。這是人類與動物間多麼美好的歷史！

曾到北美大陸極北之地探險的布特勒留下了這樣的紀錄：一向和樂的部族，因為某人的愛犬被鄰居給殺了，導致愛犬的主人和鄰居漸行疏遠，甚至引發一場印地安戰爭，最後整個部族分裂成兩個陣營，幾乎滅絕。

現代社會中因為愛犬而產生紛爭、友情破裂、求償大筆賠償金等訴訟案件也不在少數。

追根究柢，這些對立都來自「愛我，就要愛我的狗」這種人類心中潛藏的價值觀。

住在我家農場附近的鄰居養了一隻血統純正的狗，名叫老黃。對那鄰居來說，老黃絕對是全世界最優秀、最可愛的狗。我和這名鄰居非常要好，所以老黃也是我喜歡的好朋友。

某天，老黃身負令人不忍卒睹的重傷，千辛萬苦返回主人家後，就在玄關前耗盡氣力身亡。友人對著死去的老黃發誓，一定要報復那些害牠受傷的傢伙。我聽友人敘述事情的始末，也義憤填膺地想幫老黃復仇。

首先得找出犯人才行。

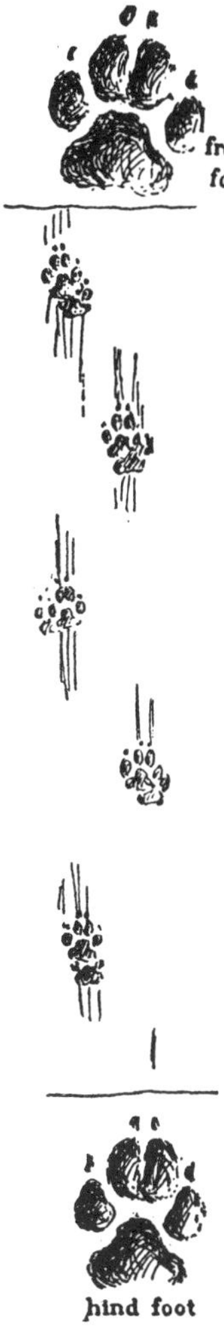

於是我開始蒐集證據，只要有人提供和這起事件有關的消息，我就願意支付酬金。

不久，位於南邊三大農場之一的農場主人透露他知道這起事件的真相，而且掌握了犯案證據。

如此一來，我們幾乎可以追蹤到兇手了。只要拜訪這位農場主人，再檢視相關證據，就能確認殺死老黃的壞蛋。我鬥志高昂地認為不需跑法院或警察局，直接了結這個傢伙就好。

就在我的復仇意念高漲到頂點時，發生了一件讓我瞬間冷卻下來的事。

短短一瞬間，我從絕對無法原諒犯人的心情，轉變成之前從未想過、完全相反的想法。我覺得老黃早已年老體衰，就算牠的遭遇再悲慘，應該也是可以被原諒的罪行吧！有這種想法連我自己都覺得驚訝。

其實真的沒什麼大不了。

戈登經營的農場也是南邊三大農場之一。戈登家的兒子小戈登知道我正積極追查犯人，某天他對我說：「你跟我來。」接著，他領我到一個安靜無人的地方。

確認周遭都沒人之後，他突然露出嚴肅的表情，低聲且沉重地說了一句：「是賓果。」

這一瞬間，老黃被殺的事件對我來說已經落幕了。

如今早已事過境遷，我才能夠坦承，原本執意找出犯人的我，從那之後，態度一百八十度轉變了。我甚至為了騙過固執的老黃飼主，還編造了謊言轉移焦點。因為這樣，我的鄰居好友終於把心思放

Ernest Seton

到其他事情上，逐漸淡忘老黃的傷痛。

話說我的好友戈登和他的鄰居奧立佛交情也不錯，兩人常一起到森林砍柴，整個冬天都會彼此幫忙農事工作。

有一回，奧立佛家的老馬死了。他可能覺得把死馬隨便埋葬掉有點浪費，所以想了個妙招，他將老馬屍體拖到大草原上，在屍體身上投毒，以此誘拐並殺死來吃馬屍的郊狼和野狼。

故事發展到這裡，你可以想像，這麼一來賓果可就慘了。

賓果因為熱愛狼一般的生活，所以過著像狼一樣自在的日子，因此，另一方面，牠也常身陷和狼一樣的危險之中。

賓果與那些享受野外生活的同伴一樣，非常喜歡吃死馬的肉。因此，當奧立佛在死馬身上投毒，並將馬屍體拖到大草原的當晚，賓果自然而然前往搜索美食。

當時戈登家的愛犬捲毛也和賓果在一起。

從現場留下的腳印判斷，那天晚上賓果幾乎都在負責驅趕郊狼，而捲毛才是開懷大吃的盛宴主角。

這場宴會草草結束，從回程的腳印來判斷，毒藥很快就發作了。從異常紊亂和方向不穩定的腳印得知，捲毛的腿部肌肉出現劇烈的痙攣。

好不容易回到家的捲毛倒臥在戈登腳邊，在全身痙攣和痛苦之中死去。

聽到戈登忿忿不平訴說捲毛是一隻多麼重要的狗，奧立佛絲毫不為所動，他不認為自己有錯，斷言捲毛只是運氣不好罷了。

當然，戈登不可能釋懷，他這時才體會到賓果對奧立佛明顯的敵意（還記得奧立佛殺死賓果所愛的母郊狼嗎？）的確是理所當然。

此後，戈登和奧立佛變得有如仇敵般勢不兩立，就連長久以來一起到森林砍柴的習慣，也隨著友情煙消雲散。捲毛死前的哀號歷歷在耳，不斷激起戈登的怒氣，最後他們演變到隨時都可能拿槍對戰、劍拔弩張的關係。

以這樣水火不容的態勢，就算牧場再大，處在同個村落中已然無法安心生活，何況是彼此農場鄰近的兩人，衝突往往一觸即發。

那次的事件，賓果花了幾個月才康復，且因毒藥的後遺症痛苦不堪，我們一度認為牠無法恢復到從前強健的體魄。所幸春天一到，賓果就恢復了體力，和草原上的青草一樣顯得朝氣蓬勃，幾週後便到處活動了。

牠再度變回我們引以為傲的賓果，但對鄰居而言，牠又是那隻令人不堪其擾的賓果了。

# 第七章

# 從未忘記我的賓果

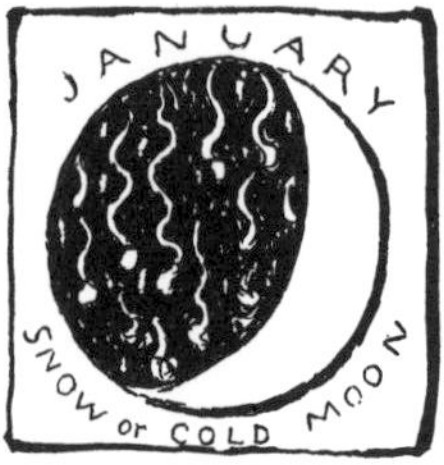


一八八四年，我離開了曼尼托巴省，成為畫家在紐約的印刷公司工作。兩年後，我再度回到曼尼托巴。那時賓果仍然是戈登家族的一員，依舊活力充沛的度過每一天。我跟賓果已經兩年沒見面，我想牠應該早就忘了我吧！

然而，事實並非如此。

剛入冬的某一天，出門整整兩天不見蹤影的賓果終於回到家。牠的一隻腳被捕狼的鋼鐵製捕獸器住，身上還拖著連接捕獸器的鎖鏈。因為鎖鏈的另一頭還綁著一段圓木，可以想見，賓果是拖著沉重的捕獸器、鎖鏈和圓木，一步步爬了很長的距離才回到家。

當我們見到牠時，牠全身上下傷痕累累，尤其是被捕獸器夾住的那條腿，早已凍得像冰塊。因痛苦而發狂的賓果變得非常有攻擊

西頓從紐約再度回到曼尼托巴

* 溫尼伯（Winnipeg）周邊的詳細地圖請見→第 126 頁

性，戈登家沒有人能靠近得了牠。

但就算賓果已經忘記我，我也無法眼睜睜看著牠繼續受苦。我蹲下來降低身體的高度，慢慢兒靠近賓果。我一手抓住鋼鐵製的捕獸器，另一手則抓住賓果被夾住的腿。賓果的頭瞬間動了一下，一張口就咬住了我的手腕。

我既不驚慌也沒有掙扎，只是對賓果說：「賓果，你忘記我了嗎？」

賓果雖然用牙齒咬住我的手腕，但並沒有真的使力，我的手毫髮無傷。聽到我的聲音，賓果鬆開牙齒冷靜不少，之後就再也沒有反抗過了。

當我小心翼翼移開賓果身上的捕獸器時，夾住腿部的咬合處不斷刺激到傷口，令賓果十分痛苦。然而，賓果只

是不停發出「嗚──嗚──」的哀號，並沒有反抗。

我和哥哥的農場早在很久之前就讓給別人經營，賓果的棲身之所也變成戈登家的農場。況且，我離開曼尼托巴已經很長一段時間，其間完全沒有見過賓果。但即便如此，賓果仍然記得扶養牠長大的我。

另一方面，就算我已經把賓果交給戈登家養育，但到了關鍵時刻，我仍自認是賓果的主人，我對賓果的感情從來沒有改變。

為了讓賓果凍傷的腳暖和起來，傷口能盡快痊癒，儘管賓果十分不情願，也被迫待在屋子裡養傷。

冬天這段期間，賓果因為腿傷，走起路來一跛一跛的，還掉了兩隻腳趾。沒想到在春天回暖之前，賓果已經

完全恢復得和以前一樣健壯，傷口也幾乎看不出痕跡，就像從來沒有發生過掉入陷阱，還拖著捕獸器回家的可怕經歷一樣。

# 第八章

# 賓果的直覺

就在賓果腿受傷的那年冬天，我放了許多陷阱捕狼。這些狼可不像賓果那麼幸運，有好幾頭野狼和郊狼都落在我手上。雖然牠們的毛皮不值錢，但捕獲牠們的獎金卻十分可觀。

在拓荒者村莊和桑德丘陵地的密林之間，有一片廣袤的甘酒迪草原，那兒人煙罕至，是個放置捕獸器的好地方。我在那裡獲得很多毛皮，所以即便時節已經到了四月底，我還是像冬天一樣，到處巡視所設下的陷阱。

捕狼用的捕獸器是堅固的鋼鐵製品，由兩個擁有一百磅（四十五公斤）力道的強力彈簧組成。一般情況下，陷阱在彈簧的擠壓下會緊閉開口，所以設置陷阱時，需要先用扳手把捕獸器撐開。

我習慣以四個捕獸器當作一組裝置來設陷阱。先將誘餌埋在中央，周圍放好四個捕獸器，每個都用鎖鏈綁上沉重的圓木，一併埋進

奔跑中的郊狼

土裡。當然，捕獸器本身也要妥善掩埋好，用棉花覆蓋後，再撒上沙土，這樣就看不出蛛絲馬跡了。

結果，一隻郊狼不慎踏入其中一個捕獸器被困住了。我用棍棒將牠打死，屍體丟到一邊，再拿扳手打開捕獸夾，重新設置好陷阱。

我自詡是個熟門熟路的**獵人**，這種設陷阱的活兒我已經做過上百次，非常上手。

我將扳手丟到馬兒面前，免得忘記帶走。接著進行隱藏陷阱的最後一個步驟。我瞥見附近剛好有合適的沙土，便伸手往那兒抓了一把，打算撒在陷阱上。

啊！我怎麼會如此愚蠢！

我的粗心大意為我帶來了不幸。

我知道這是危險的工作，一直以來我都小心謹慎處理著，卻因為太過熟悉而粗心大意了。我伸手抓起一把沙土的地方，底下正好是其中一個捕獸器，那些沙還是我為了掩蓋陷阱灑上去的。

一瞬間，我的手被捕獸器給狠狠夾住，就像一頭困獸。所幸，我使用的陷阱沒有鋸齒，而且我在設陷阱時戴上了厚重的手套，所以雖然手被夾住，但並不算特別痛。然而，手背被緊緊夾住，要把手抽出來還真是一點辦法也沒有。

我當時並不認為這是什麼嚴重的問題。

我伸出右腳，打算用腳尖尋找剛才丟到馬兒前方的扳手。我趴在地上努力拉長身體，連被捕獸器夾住的那

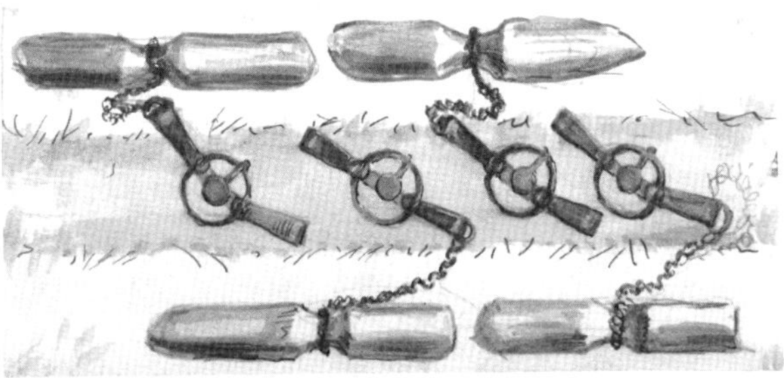

隻手都盡可能用力伸展，希望能用腳勾到扳手。

然而，手被陷阱夾住的我，根本無法同時看著扳手，又拉長身體。原以為腳尖碰到扳手就會有感覺，但事情沒有我想得順利。

我的嘗試一再失敗了。

我忍住手部的痛楚，撐起頭確認扳手的位置。原來我伸長的右腳太靠左邊了。我把身體延展的方向往回拉一點，再度以趴著的姿態，讓右腳往扳手的方向移動，用腳尖到處找。

沒料到，就在右腳大幅擺動時，我聽到「噹啷」的尖銳金屬聲響起，第三個鋼鐵製的捕獸器竟然被觸動，靈敏地彈了起來，硬生生夾住我的左腳。

此刻，即便手腳都被捕獸器扣住，我仍沒有意識到自己的處境有多危險。

不過這次我完全動彈不得了。

既無法掙脫手上的陷阱，連腳也被牢牢卡住，這種狀況下，我根本無法讓兩個捕獸器靠攏，只得維持身體的姿勢平躺著，就像被兩個陷阱給牢牢地釘在地上。

我在心裡嘆氣：「真傷腦筋啊！」

傍晚的冷空氣向我襲來，還好這個時節已經過了冬天最嚴寒的時刻，所以應該不會有凍死的危險。不過，除了伐木工人冬天會出現，幾乎沒有什麼人會來到這片甘迺迪草原；認識我的人當中，也

沒有人知道我被困在這裡。我只能靠自己掙脫束縛，否則將淪為狼群的食物，或者是死於飢寒交迫。

我盡力拉長著身體平貼在地，眼看著傍晚火紅的太陽往甘迺迪草原西邊的杉林逐漸落下。數公尺外的**地鼠丘**停著一隻百靈鳥，大聲唱著黃昏晚歌。這幅景色就和我昨天傍晚看到的一模一樣，動物們似乎日復一日過著安穩的生活。

我的手又麻又痛，痛楚漸漸延伸到手肘部位。

更糟的是，刺骨的寒風陣陣吹來，讓我的體溫急速下降。儘管如此，我還有心情觀賞著那隻正在高歌的百靈鳥，牠的耳羽還真長啊！

百靈鳥

接著，我的心思飛到戈登家舒適而溫暖的晚餐餐桌。我想像著，現在這個時候，他們應該還在烤豬肉吧？不，可能已經開飯了！我的馬兒還待在我幫牠解開韁繩的地方忠心地等候，牠專注地等我走向牠，然後跨上馬背回家。牠似乎不覺得我一直躺著很奇怪。我一喊牠，牠就停止吃草，臉上一副不知道發生什麼事的茫然表情，然後默默看著我，並沒有採取任何行動。

如果我的馬能夠自己回家，我的同伴或許就會發現異狀吧！然而，馬兒堅持等待我一起回家的這份忠誠，著實讓我吃足了寒冷和飢餓的苦頭。

我想起很久以前的獵人失蹤事件。

有名的「陷阱獵人」吉羅有一天莫名失蹤，直到隔年春天，他的屍骨才被人發現。原來他的腳被捕熊的陷阱給扣住，就這樣倒在地上無法動彈。我看看身上穿的衣服，萬一我也化為一具白骨，哪個部分能讓大家認出是我呢？

不久，腦中浮現另一個想法：像這樣被捕獸器抓住，然後倒在地上，此刻我的所思所感，不就和那些陷入陷阱的野狼與郊狼一樣嗎？噢，這些郊狼和野狼是多麼可憐！我必須為這些悲劇負責，現在是我付出代價的時候了。

夜色緩緩降臨。

郊狼發出行動前的嗥叫，我的馬兒豎起耳朵聆聽，然後往我靠近一點，便垂下頭定住不動了。另一隻郊狼也發出長嗥，回應剛才那隻郊狼的嗥叫，接著這個聲音又引起其他郊狼此起彼落的叫聲。

我知道這些郊狼互相呼喊的用意，是準備在某處集結。

這些聚集在一起的郊狼，一定會為了報復趴在地上動彈不得的我，將我撕成碎片吧！在牠們嗥叫、大聲歌唱了很長一段時間後，我看到幾隻模糊、但絕對是郊狼的身影出現了，而且逐漸靠近。

我的馬兒比我更早發現郊狼的蹤跡。牠從鼻子發出恐懼、遏阻的聲音。郊狼聽到那聲音後，立刻稍稍退了幾步，不過很快又靠得更近，圍著我坐在長滿旺盛野草的草原上。

不一會兒，一隻大膽的郊狼壓低身體前進，撕咬著死去的同伴屍體，還拉扯了一下。我大吼出聲，那隻狼隨即低吼著往後退。

我的馬因為恐懼而小跑了起來，但只跑了一小段距離，就停在那裡，不再往前了。

雖然郊狼群往後退了，但也只是暫時的。牠們不斷地靠近又遠離，就這樣重複了兩、三次，隨後一溜煙帶走那已死去的同伴屍體，只消幾分鐘，就把屍體給解決了。

然後郊狼群再度靠近並包圍我，距離比之前更近，而且還坐了下來，好整以暇地盯著我。

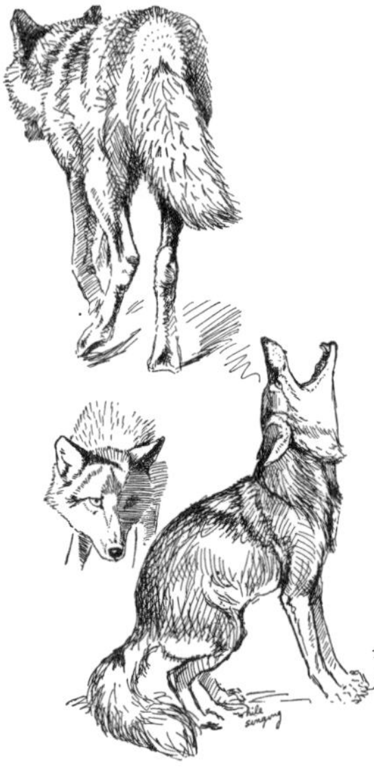

這一次，最大膽的那隻郊狼走近嗅了嗅我的來福槍，然後刨抓地面，用土把槍蓋起來。我用沒有被束縛的腿踢向那匹郊狼，當我發出吼叫聲，那頭狼也多少因為忌憚而退後了幾步，但只要我一安靜下來，牠們就靠得更近。

牠明目張膽對著我的臉發出低吼，其他郊狼也跟著吼了起來，逐漸縮小包圍我的距離。

就在我覺悟到即將被我最討厭的敵人生吞活剝時，突然傳來一陣沙啞低沉的吼叫，隨後從暗處竄出一隻大黑狼。整個郊狼群瞬間拋下最靠近我的那隻郊狼，一哄而散。

那頭「大黑狼」迅速咬住那隻郊

狼，眨間之間就把牠撕成了碎片。

噢，這是一場多麼激烈的生死決鬥！

那隻壯碩的野獸朝我飛奔而來，接著……

噢！是賓果！

了不起的賓果！

賓果氣喘吁吁走向我，把厚厚的毛皮靠在我身上，然後舔了舔我冰冷的臉頰。

「賓果……賓果……我的好朋友……。把打開捕獸器的扳手拿來給我……」

賓果走過去拖著來福槍回來。賓果知道我要牠把東西拿過來，但不知道該拿什麼。

「不是那個……賓果……是扳手。」

這回，賓果拖著我的腰帶過來。

第三次，當牠終於拿到掰開捕獸器用的扳手，並且知道總算拿對了的時候，高興地直搖尾巴。

我用還動得了的那隻手操作扳手，雖然手腳有點不聽使喚，但還是成功拆下固定陷阱的螺帽，將陷阱鬆開，讓扣住手的捕獸器輕易地解體。一分鐘後我就恢復自由了。

賓果將馬帶到我身邊，我稍微來回走了幾步舒緩筋骨，等手腳不再發麻，才跨上馬背。起初我讓馬兒慢跑，不久就換成**襲步**疾馳。賓果擔任起傳令天使，邊吠邊跑在我前面，一起踏上回家的路。

回到家後，我聽戈登家人說起，前一天晚上，從未和我一起去設置陷阱的賓果不斷發出悲鳴，並且專注盯著通往森林的小徑。今天日

落後，賓果拚了命想要出門，最後不顧戈登家的阻止衝了出去。

勇敢的賓果，牠擁有某種比人類還強的感應能力，因此才能在我被郊狼襲擊前及時趕到。牠不但拯救我於危難之中，還幫我找回扳手，讓我重獲自由。無論什麼情況下都能令我信任，和我生活很長一段時間的賓果……真是一隻不可思議的狗啊！

賓果的心確實一直與我同在，但隔天早上，牠連瞧都沒有多瞧我一眼，當戈登家的孩子吆喝牠一起去抓地鼠時，又開開心心地飛奔出門了。

賓果的態度自始至終都未曾改變。

而且，賓果也終生貫徹自己最愛的、野狼般的獨立生活，不願錯過任何一頓因為嚴峻寒流而死去的馬屍饗宴。

因此，牠再度遇上一具被下毒的馬屍。

中了毒後發現身體有異狀的賓果拔足狂奔。牠的目的地不是戈登家，而是我那令人懷念的農場小木屋。

賓果回到小木屋門口的那天晚上，我剛好到森林裡野營。隔天我回到農場，才發現了把頭枕在臺階，倒在雪中死去的賓果——那兒是賓果小時候最喜歡的地方。

賓果心裡一直認為我是牠的主人。

然而，在生命危險的關鍵時刻，賓果前來尋求我的幫助，最終我卻沒能幫上忙。

# 和飛鼠老師一起讀《愛犬賓果》

【動物記QA小百科】

我們向飛鼠老師請教了關於這個故事的背景。
飛鼠老師是這本書的編譯者和知識解說者—今泉吉晴教授，
也是研究動物生態的專家喔！

## Q〈賓果〉是一首什麼樣的詩呢？

這首詩歌出現在本書的第十八頁，對吧！從原文字體可以看出，這首詩應該非常古老了。雖然不知道是誰在什麼時候創作的，但在英國和愛爾蘭兩個國家，都曾留下孩子們唱頌這首詩的紀錄。

一八六六年，西頓六歲時，西頓的雙親帶著孩子們從英國前往加拿大，在安大略省的林賽（Lindsay）買下農場。西頓共有七個哥哥。在加拿大農場的生活並不輕鬆，連小孩子也必須工作，年幼的兄弟們在工作時，說不定也會唱這首歌呢！

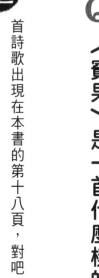

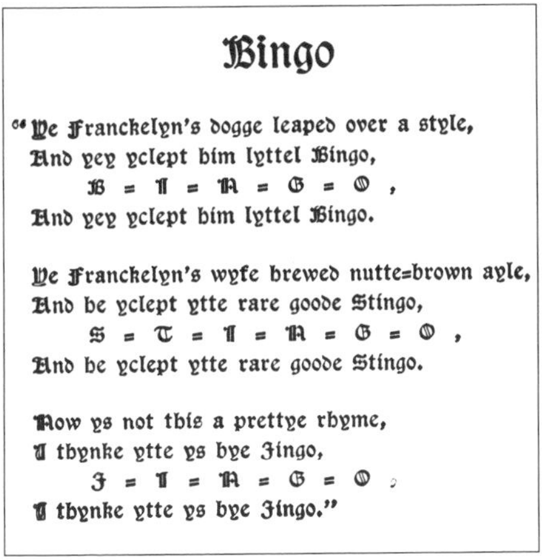
Bingo

"Ye Franckelyn's dogge leaped over a style,
And yey yclept him lyttel Bingo,
B = I = N = G = O,
And yey yclept him lyttel Bingo.

Ye Franckelyn's wyfe brewed nutte-brown ayle,
And he yclept ytte rare goode Stingo,
S = T = I = N = G = O,
And he yclept ytte rare goode Stingo.

Now ys not this a prettye rhyme,
I thynke ytte ys bye Jingo,
J = I = N = G = O,
I thynke ytte ys bye Jingo."

原書中的〈賓果〉之詩

這首詩作總共分三個部分。

第一部分描寫富蘭克林那隻跨越柵欄的狗——賓果。第二個部分敘述農婦釀了好喝的史丁格酒（一種像啤酒一樣的飲料）。第三部分承接前兩個段落，讚美道：這真是一首好詩！

這首詩旨在讚美近在咫尺、每個人都能感受到的美好事物。「賓果」、「史丁格」、「丁果」三個詞彙的發音聽起來非常悅耳，形成一首極富節奏感的歡樂詩歌。

西頓在原住民的森林區學會了許多生活技能和野外求生的智慧，長大後，他致力於推廣野外求生運動，也親自擔任美國的童軍團長。〈賓果〉就是一首知名的童軍團康歌曲，尤其在幼童軍（幼齡童軍團）族群中非常受歡迎。

在本書第一百八十三頁有這首詩歌的五線譜，請各位跟我們一起唱歌和玩遊戲吧！

# Q 賓果是隻什麼品種的狗呢？

這篇故事中，西頓並沒有明確描寫賓果是哪個品種的狗。應該有不少讀者對此感到好奇吧！

然而，就連賓果的爸爸法蘭克，西頓也一樣沒有描述品種。而且，賓果的媽媽也沒有明確的品種紀錄。包含賓果在內所有的狗，西頓都只用「狗兒」來敘述。

不過，在描述康提博覽會的比賽時，西頓寫道：「『最佳受訓牧羊犬』的獎項，除了獎狀外，還提供兩元獎金。」賓果參加了這場比賽。那麼讀者或許可以理解為：對當地人（包括比賽裁判）來說，都

左起為雜種狗、格雷伊獵犬、鬥牛犬。西頓熱愛在大自然中奮勇求生的野生動物。

認定賓果是「牧羊犬」。

也就是說，西頓寫文章時就已經知道人們（人類社會）稱呼賓果為牧羊犬。那麼，重點是西頓自己（或者賓果自己）怎麼想呢？

西頓曾經畫過一張圖詢問看圖的觀眾，如果把格雷伊獵犬、鬥牛犬以及雜種狗放在無人島，結果會怎麼樣？

先從結論說起吧。西頓認為如果沒有人類的幫助，最後只有

看守羊群的牧羊犬

雜種狗能夠存活。因為雜種狗個性伶俐、好奇心旺盛，而且非常勇猛。

假設三種狗都活了下來，那又會發生什麼事？牠們會互相交配，生下子子孫孫，到了最後還是會變成雜種狗。

無論如何，最後能一直生活在無人島的狗，還是雜種狗。那些遠離人類支配的世界、自由生活的狗，最後並不會依靠品種的名稱而活。

如此一來，我們就能理解到，西頓之所以在作品中沒有具體說明賓果的品種，是因為他想描寫的是跨越品種的狗兒的生存方式。

西頓一向喜歡美國自然作家亨利．梭羅的《湖濱散記》，書中有這麼一段文字：

「每天都到遙遠而廣大的土地尋找獵物吧！
一天比一天走得更遠、更廣。
不必煩惱憂愁，
在未知的河川休憩，
在火爐邊放鬆享受……
順從自己的本能，

培養自己的野性吧！」

賓果的確每天夜晚都到廣闊而遙遠的地方尋找獵物，自在地培養自己的野性。西頓對賓果這樣的行為產生認同，所以才寫出這篇故事。

## Q 狗可以抓到郊狼很厲害嗎？

故事剛開始的場景，是描述隔壁農場的法蘭克正在追逐郊狼。不只鄰居，就連住在遙遠彼端農場的人都知道，法蘭克是一隻驍勇善戰的狗。談起牠如何勇猛，第一印象就是牠能用驚人的速度追趕郊狼。

一般而言，狗的腳程比郊狼要慢，應該是無法追上郊狼的。而且狗要是遇到郊狼這種難纏的對手，通常會成群結隊出動，不會單槍匹馬追趕郊狼。

然而，不只這一隻郊狼，法蘭克還獨力追捕了好幾隻郊狼。

此外，法蘭克沒有等待援軍就獨力與郊狼對戰，牠甚至知道如何徹底擊敗對方。在追趕對手時，當對手改變方向朝自己咬過來，牠能立刻轉身逃離，保護自己不受到傷害。而當對方想逃走，牠馬上緊追在後並且伺機攻擊。一旦郊狼的腰部和後腿受了傷，馬上就動彈不得了。

西頓親眼見證了法蘭克的

● 腳程速度比較表 ●

| 動物種類 | 每公里所需時間 | 時速 |
|---|---|---|
| 純種馬 | 1 分 3 秒 | 54km |
| 美洲羚羊 | 1 分 9 秒 | 51km |
| 冠軍格雷伊獵犬 | 1 分 15 秒 | 48km |
| 德克薩斯長耳大野兔 | 1 分 21 秒 | 45km |
| 赤狐 | 1 分 28 秒 | 42km |
| 愛荷華郊狼 | 1 分 34 秒 | 38km |
| 獵狐犬 | 1 分 40 秒 | 35km |
| 狼 | 1 分 53 秒 | 32km |

速度、勇猛及智慧，由衷地認為牠是一隻非常厲害的狗。

飛毛腿、勇猛及智慧，可以說是每隻狗或多或少具備的特徵。根據西頓的說法，每種動物都有專屬的特徵，且個體不同，該特徵的差異性也頗大。比如說，鸚鵡擅長模仿人類說話。我們可以說那是鸚鵡的特徵（或能力），但每隻鸚鵡這方面的能力也有差異，有些就特別會講話。

西頓在「愛犬賓果」的故事中說，如果有能夠獨力追捕郊狼的狗，那一定是隻很勇猛、很厲害的狗。後來因為西頓很希望養一隻這樣的狗，才會和賓果相遇。

以接力方式追逐獵物的郊狼。

像美洲羚羊這種無法以腳程取勝的獵物，郊狼的策略是一隻負責追捕，另一隻負責埋伏，互相接力來追蹤獵物。

# Q 狗、郊狼和狼有什麼區別？

西頓曾在作品中寫道：「現在，我眼前有一張在新墨西哥州科爾法克斯縣的克萊頓所捕獲的公狼皮。」

他同時記錄了這張狼皮的毛色：「整體呈現暗米黃色調，臉頰與胸口、後腿內側為純白色。吻部（鼻頭）上方、頭頂、四肢外側及內側帶有些微的赤褐色，愈靠近耳後方的顏色愈紅。」

描述完尾巴與內層毛色後，他作出結論：「這隻狼的毛色，和柯林頓．梅里厄姆（Clinton Hart Merriam，美國動物分類學家）所描述的郊狼毛色，幾乎一模一樣。」也就是說，在觸手可及的近距離觀察

## ● 透過剪影來判斷動物的種類 ●

由上到下分別為狼、郊狼和狐狸。請注意體型大小和尾巴之間的比例。

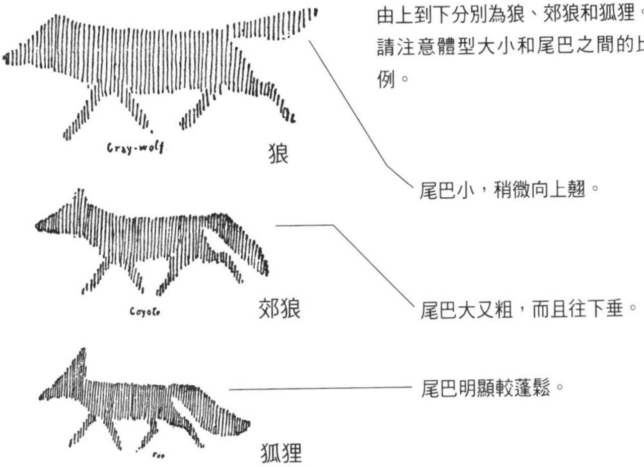


下，狼與郊狼的毛色，幾乎沒有不同。

然而，西頓卻發現一個了不起的細節。

若在野外，從遠處觀察，會發現狼是相對來說身體較大、尾巴較小且微微向後延伸的灰色動物；而從體型的比例來看，郊狼的尾巴比較大而且向下垂，毛色較黑。

也就是說，要辨認出

在大自然生活的狼和郊狼，除了觀察整體毛色的色調，不妨也可從尾巴的型態來區分。

此外，狗尾巴的型態也非常獨特，牠們的尾巴幾乎都是往上翹的。

順帶一提，狐狸的尾巴下垂和郊狼很像，但從體型比例來看，狐狸的尾巴又大又蓬鬆，而且耳朵特別大，這些都是個別動物顯著的特徵。

# Q 西頓哥哥的農場在什麼地方？

這個故事中的農場位於北美大平原中央，也就是加拿大太平洋鐵路的德溫頓臨時停靠站以北約一點六公里的廣大草原。這個車站是曼尼托巴省坎伯利鎮的第一個車站，廢站停止營運之後，鐵路公司在該車站以西的二點四公里處設立了坎伯利站。

坎伯利位於貫穿北美大陸中部的大草原上，是平原北方的小鎮。

坎伯利大草原最大的特徵，就是雖然身處草原正中央，但南方卻有茂密的森林。那兒是名為「桑德丘」的丘陵地，在地理環境上，沙層厚度平均達七十三公尺，是一個由沙土堆積而成的丘陵。

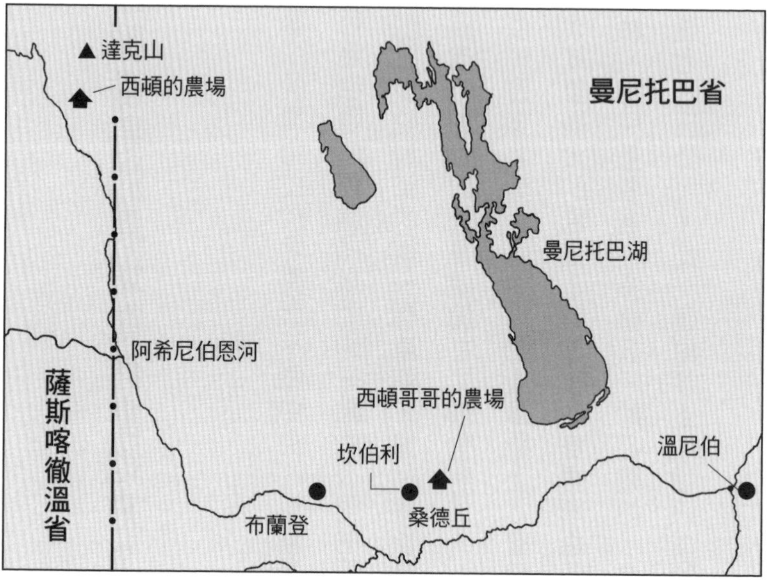
達克山
西頓的農場
曼尼托巴省
曼尼托巴湖
阿希尼伯恩河
薩斯喀徹溫省
西頓哥哥的農場
坎伯利
溫尼伯
布蘭登
桑德丘

遠離海洋的坎伯利之所以堆積了大量沙土，是因為在一萬二千年前，此地曾經被冰河覆蓋。冰河融解形成巨大的湖泊，而流往湖泊的河川則帶來大量的沙土堆積。

如今，冰河往後退到更北方，湖泊也消失成為沙丘。以前搬運沙土的河川名為阿希尼伯恩河，也在侵蝕沙丘之後繼續流向低處。

也就是說，西頓生活近三年的農場雖然位於大草原之上，卻很接近河川地，附近既有巨大的沙丘，也遍布了茂密的森林。

這裡生活著許多動物。從前原住民會捕捉野牛、馬鹿和騾鹿，取其脂肪部位製成可保存的乾肉餅，並與西北公司和哈德遜灣公司等毛皮公司交易。乾肉餅的營養價值高，是非常優質的旅行乾糧。

當時為了爭奪原住民製作的乾肉餅，在一八一四年到一八一六年間，還發生西北公司和哈德遜灣公司襲擊交易基地的「乾肉餅戰爭」。

西頓造訪坎伯利的時候，白人獵人已經殺光了野牛，並將原住民限制在居留地活動。即便如此，西頓還是結識了原住民獵人查斯卡，向他討教狩獵與觀察動物的方法，這表示西頓是認可原住民擁有狩獵權利的。

桑德丘的風景

## Q 西頓住過簡陋的小木屋嗎？

一八八二年四月五日，西頓抵達加拿大太平洋鐵路上的德溫頓車站。

他在三月十六日搭上從多倫多開往曼尼托巴省的列車，也就是說，這趟旅程總共花費了二十天。

之所以花這麼長時間，是因為這趟列車剛好遇上了那年冬天的最後一場暴風雪。

西頓在大雪中從德溫頓車站徒步前往哥哥的農場，最後抵達被淹沒在雪堆裡的農場小木屋。

農場裡有農場主人——西頓的哥哥亞瑟——以及另一個哥哥查爾斯，還有比西頓先抵達的好友威廉・布洛迪。

大夥兒都是來幫忙翻新、增建農場的建築物的，他們熱情地迎接西頓的到來。西頓在日記中寫道：「美麗的雪花竟然能讓列車止步，真是太厲害了！」

建於一八八二年的德溫頓車站，是曼尼托巴省坎伯利地區的第一個車站。

一八七八年就任加拿大總理的約翰・麥克唐納（John Alexander Macdonald）提出了「西部拓荒方針」，坎伯利正是拓荒者最先進駐的大草原開墾地。

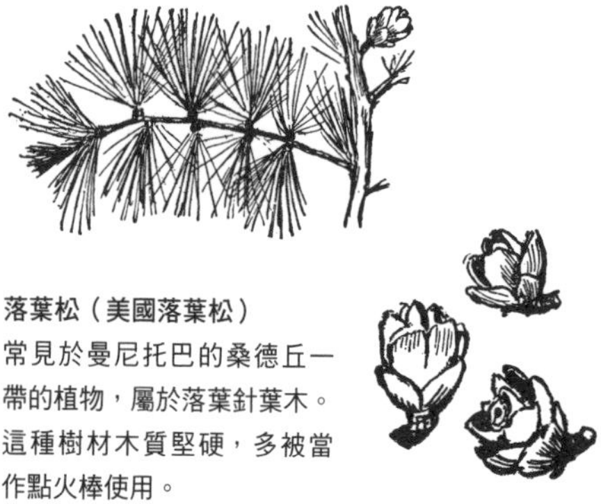

**落葉松（美國落葉松）**
常見於曼尼托巴的桑德丘一帶的植物，屬於落葉針葉木。這種樹材木質堅硬，多被當作點火棒使用。

西頓幼年住多倫多時，在頓河附近所打造的小木屋。
他幫小木屋取名為「楊之谷」，作為和朋友玩耍時的祕密基地。

一八七九年，當地設立了第一個公共設施——郵局。而一直到西頓抵達的隔年，也就是一八八三年，當地才建立第一所學校。

也從這件事不難想像，當時那兒還是一整片未經開墾的廣大草原和天然拓荒地。

亞瑟是第一批前來拓荒的先鋒之一。他在當地蓋起小木屋（從遙遠的唐檜森林搬來圓木），飼養馬匹、耕種土地，就這樣過了三年。

只要在開墾地生活三年以上，這片土地就會變成自己的財產，所以亞瑟找來西頓等親朋好友，同心協力打造農場。

當時，亞瑟第一個計畫就是蓋一棟擁有六個房間的豪華主屋。不過西頓剛抵達此地時，是住在亞瑟蓋的簡易小木屋裡。

大多數的拓荒者在獲得土地之後，第一件事就是先蓋個簡易小木屋，因為小木屋馬上就能完工，這樣才能將多的時間和勞力用在播種和培養農作等事務。

一般人都夢想著等生活穩定下來之後，就大興土木蓋一座豪華主屋。然而，西頓來到開墾地，並不是為了住進豪華主屋。

西頓的夢想是在大自然中過著簡樸生活，並且能夠近距離觀察動物。

其實，西頓小時候住多倫多時，也曾在郊外森林打造出一間寬七呎（二點一公尺）、深四呎（一點二公尺）的小木屋，並在那兒度過一段美好的童年時光呢。

# Q 狗和郊狼都會造訪的界標是什麼？

這是創立於一八七〇年的加拿大政府「地理調查局」所設置的地界標。

在拓荒者到來之前，調查局測量了所有土地，每隔一哩（約一點六公里）就設立一座界標。

每個界標都會註明記號與編號，拓荒者只要記下自己相中的土地記號與編號，就可以到土地管理處登記。

西頓這麼描述哥哥農場的界標：「那是一根插進土堆的紮實柱子，從遠處也能看得一清二楚。」

狗會嗅聞界標，然後低吼著留下自己的氣味。包括嗅聞、豎起全身的毛、眼神發亮，或用後腳刨抓地面，這些動作都和狼一樣。

關於這座界標的位置，他又說：

「我們農場的小屋和坎伯利村莊之間有一片長達兩哩（三點二公里）的草原，草原的正中央就設有農場界標。」

由此可知，這座界標位於距農場小木屋一哩（一點六公里）處，西頓可以在小木屋內用望遠鏡觀察狗和郊狼在界標附近做了哪些

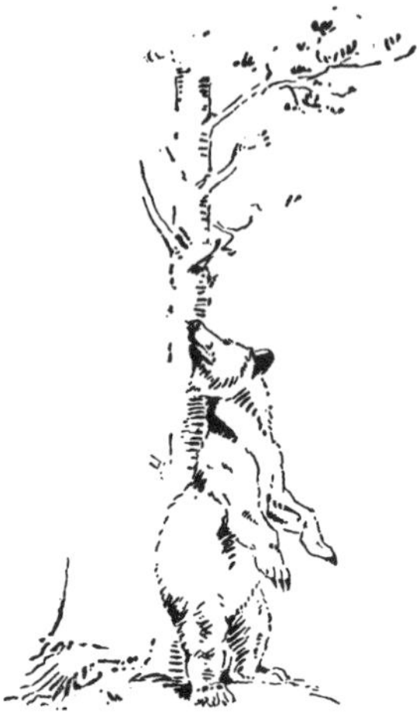
灰熊

野豬

事。因為大草原四周完全沒有遮蔽視線的障礙物，可說是一覽無遺。

藉由觀察動物的行為，西頓發現不只是賓果，所有狗兒都把人類世界的界標當作自己土地的標誌，而且會留下氣味，讓同伴知道自己來過。說起來，動物比人類更懂得利用界標呢！

也因此，西頓主張生活

在大地上的所有動物，無論對人類有利或有害，都應擁有生存的權利。

動物們透過在人類土地上的界標留下味道的方式，也讓界標產生了不同的用途。西頓稱呼界標為「氣味信號站」。

他又在書裡寫道：

「不只農場的界標能夠當作氣味信號站。比如大石頭或水牛頭骨等類似界標柱的物件，只要在大草原上足夠顯眼，都可以作為公共信號站。」

經過仔細觀察，西頓發現動物在「氣味信號站」所留下的信號，不只是氣味而已。

好比說，熊會靠著樹幹摩擦身體，留下爪痕。因此，西頓將「氣味信號所」又稱為「簽到處」。意思是，這是一個向同伴傳遞訊息、「簽到」的地點。

而在自然界的廣闊土地上，則遍布著許多動物們建立的簽到處喔！

## Q 聽說從足跡可以看出動物的心情，是真的嗎？

西頓於一八八二年著手研究動物足跡時，那時全世界還沒有出現任何這方面的書籍，也沒有相關的研究論文。因此，西頓是第一個對動物足跡感到好奇的動物學家。

一八八二年剛好是西頓開始在坎伯利的拓荒農場飼養賓果的時候，當時西頓只有二十二歲，經常趁著農場工作的空檔，前往桑德丘觀察動物的足跡。

夏季某一天，西頓在桑德丘的「足跡之泉」周圍，發現了留在柔軟土地上的鹿足跡。那時西頓甚至連留下足跡的鹿是往哪個方向行進

都不知道呢！

然而兩年後，西頓已經能追蹤桑德丘雪地上的足跡，並且能判斷這隻鹿是爬上眼前的山丘，還是前往山丘的山麓；甚至學會解讀鹿的心情了。

鹿的足跡

西頓發現，狼和狗的足跡雖然相似，但一般來說，狼的足跡比狗要大得多，可以從大小來區分。但如果在城鎮中發現像狼一樣大的足跡，那應該是格雷伊獵犬這種體積龐大的狗腳印了。

假設在雪原上發現了可能是狼遺留下來的大腳印，追蹤腳印前進兩三公里後，很可能會發現疑似狼的動物所找到的物體或食物（例如牛頭之類的）。如果那些腳印果真是一頭狼留下的，那麼，就算這頭狼對這個可能有價值的好東西感興趣，也會保持警戒，慢慢兒靠近。

話說回來，要是像格雷伊獵犬這種體積龐大的狗發現了某個好東西，則幾乎不會遲疑或警戒，而是直接朝牛頭走去。

有了這些背景知識，現在來看看下一頁中西頓所描繪狗與狼的足跡素描。

狼的腳印（標示wolf之處）並沒有呈一直線靠近牛頭，而是轉換了方向，一邊聞著隨風吹來的氣味，一邊謹慎緩慢地靠進；接著回到原點，然後離開。（畫面上以「↓」表示風向。）

正在追逐兔子的狗。西頓畫出觀察腳印而來的想像畫面。

上方為狼的足跡，而下方一直往前走的則是狗的足跡。狼的習性非常小心謹慎。

相較之下，狗的腳印（標示 dog 之處）則呈一直線接近牛頭，而且幾乎沒有改變方向，然後直接離開。

這也證明，觀察動物留下的各種足跡，的確可以判斷動物們不同的想法和心情喔！

## Q 賓果邊跑邊跳是為了看得更遠，好聰明喔！

沒錯！賓果為了能更快找到牧場母牛，邊跑邊跳以瞭望整片草原。西頓把這個動作稱為「偵查式跳躍」。

同個時間點，西頓在哥哥的農場照顧公牛。公牛是必須拉著沉重鐵犁耕田的工作牛（賓果看護的母牛則是可以擠奶的乳牛）。

每到中午，西頓會把已經工作整個早上的公牛趕進牧場，讓牠休息兩個小時。雖說是「牧場」，但因為幾乎沒有經過人工整理，所以就像個大雜草叢，整體上視野極差。因此，兩小時後要把公牛找回來繼續工作，就變成一件苦差事。

加上公牛往往先察覺西頓的蹤跡，特意緩慢地定住不動，所以更難被找到。

為了解決問題，西頓靈機一動，他在公牛角上綁了一個鈴鐺。當公牛定住不動時，身體像被冰凍一樣變得僵硬，只要稍稍動了動牛角，鈴鐺就會跟著響起，這時西頓就能靠聲音來辨認公牛的位置了。

西頓和賓果同樣抱著盡快找到牛的心情，動腦筋尋求解決問題題的方法。西頓想到綁鈴鐺的妙招，而賓果則是以偵查式跳躍找到母牛。兩種都是解決生活難題的聰明方法。

從西頓利用鈴鐺，而賓果依靠腳力解決問題的這一點來看，說明了人類依靠工具，動物則仰賴身體，但兩者都是運用智慧的成果，本質上沒有任何不同。

早在一八八三年，西頓就看過賓果使出「偵查式跳躍」，十年

正在尋找公牛的西頓

後，西頓又在新墨西哥州的克萊頓看見長耳大野兔也做出「偵查式跳躍」的動作。

西頓寫道：「與長耳大野兔相遇，是早晨騎馬出門散步時最幸福的事。」

「長耳大野兔每天會在馬的腳邊彈跳幾十次，最後以猛烈跑跳的方式一溜煙消失在遠處。牠們每次跳躍都會前進三到四點五公尺，藉助連續幾次又長又遠的跳躍，得以高高躍上空中瞭望周遭的環境。」

長耳大野兔為什麼不斷重複偵查式跳躍的動作呢？

關於這個問題，西頓記錄了自己的觀察：

長耳大野兔的
偵查式跳躍

「我曾在一天之中騎馬追蹤長耳大野兔好幾次。長耳大野兔總是一瞬間就拉開距離，消失在山丘的另一頭。等我追到那兒時，長耳大野兔早就無影無蹤了，速度之快每每令我驚訝不已。長耳大野兔的固定策略，就是越過山丘之後，馬上躲進自己熟悉的草叢，然後蜷縮成一團。」

因此，我們可以得知，長耳大野兔是藉由偵查式跳躍，看清西頓追過來的腳步，逃到山丘另一頭後，再找尋最佳時機躲進草叢暗處，成功隱藏自己的蹤影。

下圖是西頓畫的長耳大野兔足跡素描。從足跡可看出大野兔曾經運用偵查式跳躍的地方。

無論是對追捕獵物的一方（狗兒），還是對被追捕的一方（長耳大野兔）來說，偵查式跳躍都是能發揮最佳作用的聰明策略。

長耳大野兔的足跡。英文字上方就是大野兔正在運用偵查式跳躍的足跡。右邊看到的細線是尾巴碰到地板的痕跡。

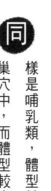

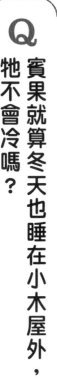

## Q 賓果就算冬天也睡在小木屋外，牠不會冷嗎？

同樣是哺乳類，體型較小的動物（如松鼠和鼷鼠）會睡在溫暖的巢穴中，而體型較大的動物則不刻意築巢，直接睡在毫無遮蔽的野外環境。

也就是說，體型小的動物會築巢，但體型大的動物多數不築巢（體型大的人類會睡在被窩裡，的確是個例外）。

比方說，灰松鼠會在粗樹枝上頭堆疊小樹枝，架起一個大巢穴，然後在巢裡鋪上撕碎的樹皮纖維，就像睡在溫暖的房間（巢室）裡。而狐狸除了養育子女的時期，一般都直接蜷縮著睡在無法保

築在樹上的灰松鼠巢穴

溫的地面（狐狸養育子女時才會挖巢穴）。

為什麼體型小的動物會睡在巢穴中？因為相對於體重來說，體型小的動物的表面積較大，身體容易降溫。如果沒有睡在巢穴防止體溫散逸，很容易因體溫過低而死亡。至於體型大的動物表面積較小，身體不易降溫，僅靠皮毛就可以保持體溫。

以美洲狐為例，牠們的體重約四公斤左右，在不需築巢的動物當中算是體型較小的（例如狼的體重約四十公斤，體型最大的狼還超過七十公斤），所以牠們會用毛茸茸的尾巴包裹身體睡覺。

西頓對狐狸尾巴描述如下：

「狐狸的身上只有鼻尖和腳底沒有毛，這兩處的皮膚都會直接接觸外界空氣。如果在寒冷的冬天，鼻尖和腳底與冷空氣接觸，很可能因寒氣而凍傷。所以狐狸在睡覺前會蜷縮身體，再用蓬鬆的尾巴覆蓋住身體。也就是說，狐狸把尾巴當作外套和口罩使用。」

不需在巢穴睡覺的動物中，體型最小的應該是兔子的近親——穴兔了。住在歐洲的穴兔（家兔的祖先）會挖洞睡在巢穴，相對的，野兔則不挖洞，直接睡在地上。

聰明運用尾巴禦寒的狐狸

棉尾兔是一種體重不到一公斤的小型兔。雖然沒有築巢的習性，但到了嚴寒時節，牠們會睡在岩石間或倒塌的樹木下等可以遮風蔽雨的地點。

值得注意的是一種同屬野兔類、體重達四公斤的北極兔。北極兔的體型幾乎和狐狸一樣大，然而在冬季沒有日照的北極區，牠們也必須躲在岩石間的小洞裡蜷縮著以熬過酷寒，實在令人驚訝！

從上述可知，以狼為祖先的狗兒，即使住在寒冷的加拿大，到了冬天仍然在屋外度過，並非什麼特別的事。

然而，以上的知識和「賓果就算冬天也睡在小木屋外，會不會冷呢？」是兩個完全不同的問題。

人類和動物一樣，如果感到寒冷，身體會自動產生熱量來維持體溫。產生熱量必須用到氧氣，所以會加速呼吸來吸收大量氧氣。因

在地面上睡覺的白靴兔。西頓畫出白靴兔迅速察覺狐狸正在靠近的場景。

此，我們只要觀察呼吸的節奏，就知道賓果冷不冷了。可惜，賓果生於百年前，如今我們已無從得知牠的呼吸狀況。既然如此，不妨用更簡單的方法來尋找答案。

所有的動物、甚至人類都一樣，如果冷到受不了，應該會換個地方住吧！賓果從來沒有更換自己的窩，就表示賓果不覺得冷，這樣的結論似乎也合理。

賓果在小木屋外的角落歇腳，靠著木屋建築來遮蔽寒冷的強風，相較於野外，小木屋外或許已經算是溫暖的場所呢！

# Q 書中出現的「犬族」是指狗的家人嗎？

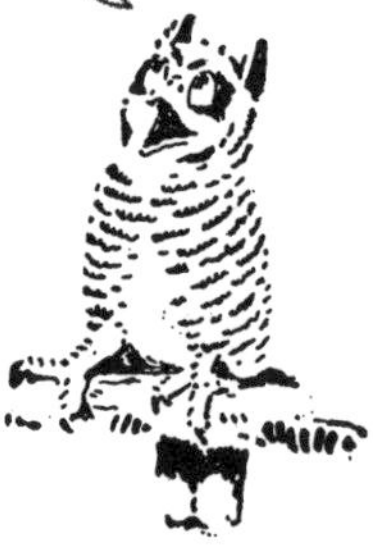

這是比家人更大的範圍，意指屬於「犬科」和「犬屬」動物，包括狼、狗和郊狼等。

生活在北美的犬科動物除了犬屬以外，還有狐狸屬、北極狐屬、灰狐屬等（依據西頓時代的分類）。

犬屬的狼、狗和郊狼都會到界標嗅一嗅其他動物的氣味，並且刨抓地面以留下自己的味道，藉此傳遞訊息。西頓將這些動物視為關係親近的同伴稱作「犬族」。

西頓已經知道狼與狗能雜交繁衍後代，而且故事中說明賓果與母

狼

● 犬屬 ●

郊狼

北極狐

● 北極狐屬 ●

赤狐

● 狐屬 ●

郊狼非常親近，很可能已經產下後代，因此西頓才會說：「只有犬屬的動物，算是真正意義上的狗。也就是說，狼也是狗。」

這麼說來，郊狼也是狗的一種，所以我們應該也能像親近狗那樣的親近郊狼才對呢！

# Q 灰狼是一種什麼樣的狼？

在美國所謂的「灰狼」就是狼的別名。（這裡的美國是指說英語的加拿大及美利堅合眾國，也就是北美地區。）也就是說，灰狼和狼是同一種動物。就像在許多地方會稱呼鼯鼠為「飛鼠」，這代表鼯鼠和飛鼠是同一種動物。

同理，英語當中的狼也有「灰狼」、「羅伯狼」（Lobo-wolf）等別稱。西頓統計過，狼這種動物總共有十個（英語）別名。換句話說，狼有十種名稱，而且都在社會中大量流通，這正是所謂「異名現象」——同一物種卻有不同名字的現象。

## ● 狼的別名 ●

灰狼 Gray-wolf
大野狼 Big-wolf
東部森林狼 Timber-wolf
羅伯 Lobo
羅伯狼 Lobo-wolf
家牛殺手 Cattle-killer
布法羅狼 Buffalo-wolf
野牛追逐者 Buffalo-runner
墨西哥狼 Mexican wolf

除此之外，在原住民語言（奇佩維安語、克里語、奧傑布瓦語、雅克頓斯語、奧克拉斯語）中，狼還有眾多別名。

不過，像這樣名稱太多，很容易產生誤解，所以出現了統一名稱的需求。但是，誰才有統一名稱的權利呢？應該很多人會覺得把統一名稱的工作交給對動物瞭若指掌的動物學家就好，但西頓卻反對由動物學家來做這個工作。

西頓認為不能把統一動物名稱的工作交給學

狼擁有許多異名

者，因為他本身非常了解學者的工作。事實上，西頓有很多朋友都是動物學家，例如當時美國知名的動物分類學泰斗柯林頓·梅里厄姆（Clinton Hart Merriam）就是其一。

梅里厄姆在一九一八年的論文中，把棲息在美國的熊（包含部分亞種）分成八十六個種類。雖然西頓沒有遵循梅里厄姆的分類，但當時多數學者都採用這套分類（不過現在已經沒有學者採用梅里厄姆的分類法了）。

也就是說，熊在當時有多達八十六個學名。隨著更多研究出爐，產生了動物名稱愈來愈多的困擾。

我想西頓應該是主張：學者可以賦予動物的學名，但不應限制每個人如何稱呼動物的自由吧！

實際上，西頓時代的學者曾替狼取了一個學名叫「Canis mexicanus」（也譯為墨西哥狼），只要想想這個名字現在的流通程度，就知道比起這個名稱，前面提到的十個英文俗稱還比較可信。

就結果論，現在已經沒有動物學家使用「墨西哥狼」這個學名了，理由有兩個。

首先，「Canis mexicanus」這個學名，是生物學家林內（Carl von Linné，瑞典生物學家）在一七六六年為了區別棲息於美國（新世界）和歐亞大陸的狼而產生的命名，但現在多數學者都認為美國和歐亞大陸的狼是同一品種。同一品種的動物不允許存在著兩個學名，所以便統一成一個了。也就是說，「Canis mexicanus」這個學名已經消失。

另一個原因是，學名的命名在國際上有固定規則，而這項國際規範現已改變，林內以舊紀錄為依據的研究既然已經不被採用，因此「Canis mexicanus」這個學名也跟著消失了。

由此可知，學者深思熟慮定出來的學名，似乎比一般人使用的通俗名稱來得短命。西頓在文章中使用「灰狼」這個名稱，正是源自人們平常習慣使用的俗名。

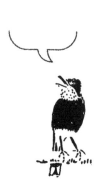

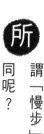

# Q 什麼是快步和襲步？

所謂「慢步」、「快步」（快走）和「襲步」（奔馳），有什麼不同呢？

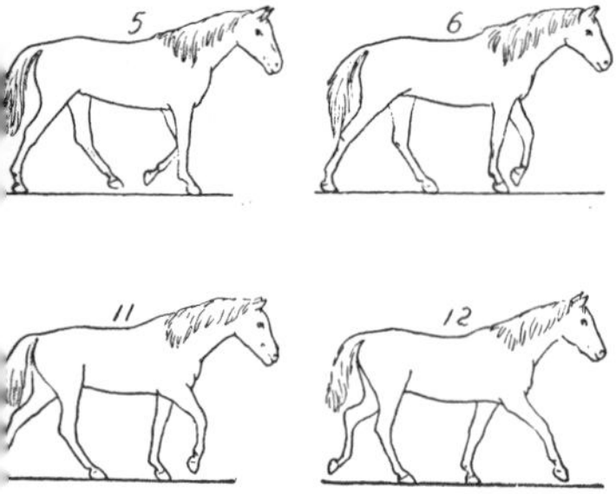


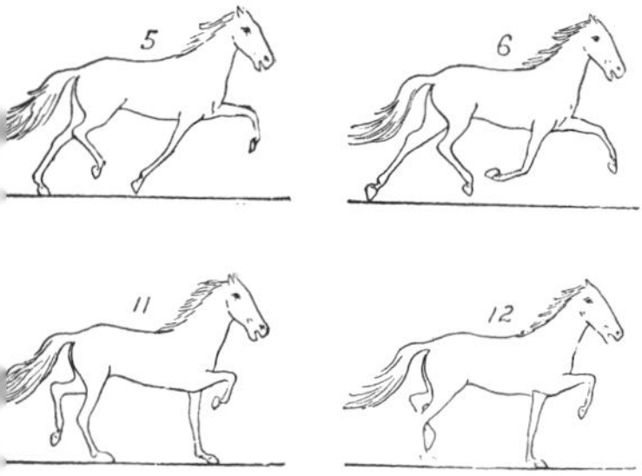


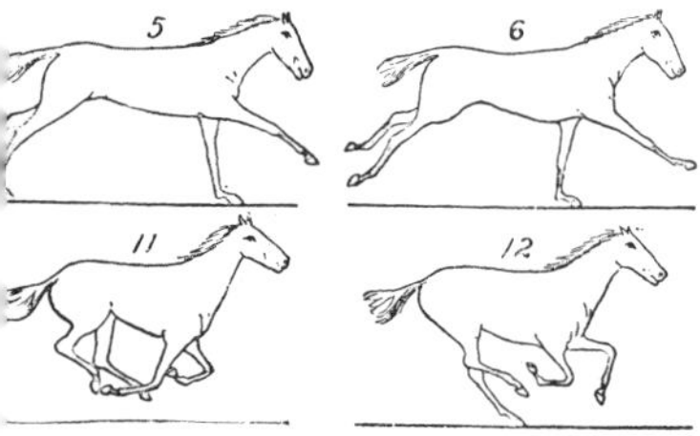


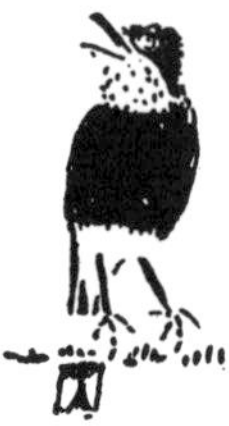

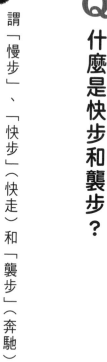

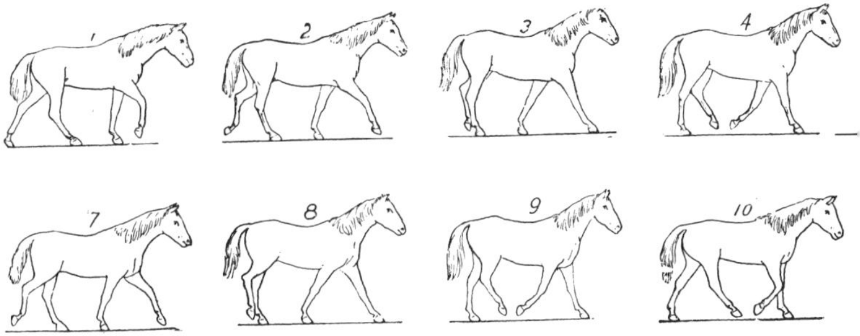


**● 慢步 ●** 慢步中的馬，四條腿中只有一條腿離開地面，其他都是著地的。

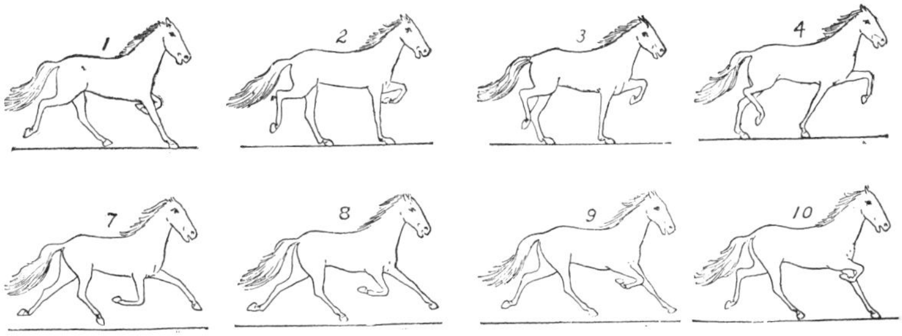


**● 快步 ●** 介於「走路」和「跑步」之間的動作就是快步。舉起左前腳的同時也抬起右後腿，舉起右前腳的同時也抬起左後腿，就這樣交互擺動前後腿，向前行進。



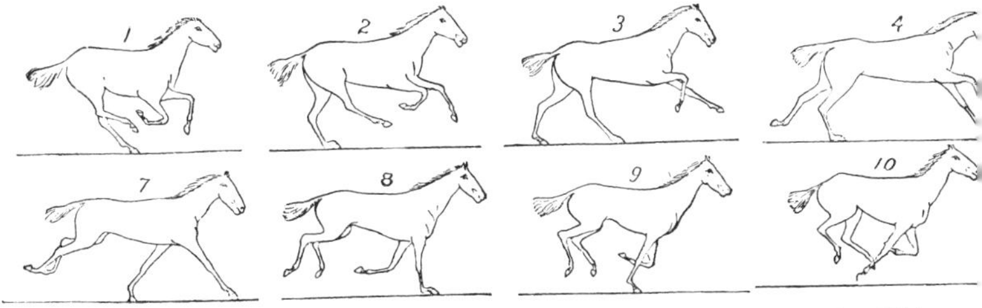


**● 襲步 ●** 奔跑中的馬會有一瞬間騰空。兩條後腿向地上一蹬就騰空躍起。

狗在「慢步」和「奔馳」時，腳步動作也和馬一樣。

西頓用埃德沃德．邁布里奇（Eadweard Muybridge，英國攝影師）所拍攝的照片來研究動物的動作。

觀察上一頁西頓畫下的分解圖，可清楚看出四蹄動物在動作時，腿部動態的差異。

## Q 西頓討厭郊狼嗎？

在賓果的故事中，西頓身陷自己設下的捕狼陷阱，手腳都被緊緊扣住。天色愈來愈暗，身體又動彈不得，結果引來郊狼環伺。西頓已經做好被吃掉的心理準備，他寫道：「我覺悟到即將被我最討厭的敵人生吞活剝……」

我也是從西頓寫下「最討厭的敵人」這句話，才知道西頓不喜歡郊狼。

被那些愈來愈靠近的郊狼襲擊只是早晚的事，在命懸一線的時刻，西頓清楚感受到郊狼是「最討厭的敵人」。對當時的西頓來

說，郊狼的確是令人憎惡的敵人。

然而，西頓為什麼說「討厭」，還要加「敵人」二字呢？對在拓荒農場中工作的西頓而言，郊狼正是襲擊農場裡雞和鵝等家禽的棘手敵人，所以西頓才會說郊狼是「討厭的敵人」。西頓和眾多拓荒者的處境相同，當然也有相同的觀感。

然而，西頓在郊狼靠近的瞬間，腦中出現了截然不同的想法。

西頓說：「此刻我的所思所感，不就和那些陷入陷阱的野狼與郊狼一樣嗎？」

他又寫道：「噢，這些郊狼和野狼多麼可憐！我必須為這些悲劇負責。現在就是我付出代價的時候了。」

西頓被自己設下的陷阱困住時，才深深反省自己對待動物的所作所為。他了解到郊狼只是為了生存才襲擊家畜，動物只是因應牠們的

高唱黃昏晚歌的郊狼群

天性，而自己卻批判這樣的行為。

西頓寫完第一部作品《我所知道的野生動物》後，在接下來所撰寫的著作中，全都宣稱郊狼是他最愛的動物之一了。他在《動物的狩獵生活》（*Lives of Game Animals*，一九二五年）一書中的〈郊狼〉篇如此讚美郊狼：

「從西部各地區傳來一則好消息：郊狼不僅固守了原有的分布範圍，還更進一步擴張了版圖。郊狼堅定地否決了白人破壞萬物的計謀。

「郊狼啊！稱呼你們為『驚奇之

犬』的原住民，竟是如此了解你們！

「西部的原住民聽著你們唱歌，也熱愛你們的歌聲。今後居住在西部的人一定也會繼續親近你們吧！

「或許牧羊人仇視你們，政府也持續在懸賞郊狼的頭皮，但你們仍然是行動敏捷、聰明伶俐而且勇敢的動物。

「如果有一天，在西部野營時已經聽不見你們在黃昏時高唱的晚歌，那麼我願意在那之前死去。超越生死之境，前往沒有鐵絲網柵欄、沒有罐頭、私釀酒廠、土木公司、羊群和蒼蠅的和平大地。

「我想生活在一片郊狼不受人類威脅的和平大地。」

郊狼的肖像圖

# Q 西頓為什麼沒有一直養育賓果呢？

西頓是在一八八二年底快接近聖誕節的時候，收養了還是幼犬的賓果。

當時西頓二十二歲，在哥哥亞瑟（故事中以佛瑞德的名字登場）的德溫頓農場幫忙，閒暇時間全都投入野生動物與大自然的研究。

西頓打算日後經營自己的農場，一邊從事農務，一邊繼續研究。

因此，一八八二年的四月底，西頓在德溫頓農場安頓下來後，就為了尋找自己的農場而出門旅行多次。

西頓受動物學家柯林頓・梅里厄姆之託而繪製的尖鼠素描。

十月時，他在薩斯喀徹溫省靠近達克山的大草原中找到一片新開墾地，並且辦理了登記手續。也就是說，西頓本來打算在自己的農場和賓果一同生活的。

然而，這時發生了兩件令人意料之外的事。

首先是加拿大的景氣突然變差了。

在農場種植的穀物和馬鈴薯等作物完全賣不出去。再加上運送農作的鐵路運費暴漲，到了一八八四年，許多拓荒地的農場都面臨破產。亞瑟也因此關閉了農場。

如果只是基於上述原因，西頓應該會從亞瑟的農場搬到自己的農場生活吧！

西頓本來就沒打算把開墾地全都打造成農地，而情願保留當地原始自然的樣貌。西頓在當時已是知名優秀的動物畫家，許多動物學家都認識他，所以累積了不少繪畫訂單，就算沒有農作物的營收，維持生活也不是難事。

此時，還有另一個問題。

為了發展農業，開墾地的自然環境被劇烈破壞的程度超乎想像。比如說，湖泊與池塘都因為開鑿井水而消失了。西頓發現，若是貿然把大地改造成農田，沼澤、花朵、小鳥、野獸也會必定跟著消失。

西頓在曼尼托巴生活的三年間，深深感受到季節和環境變化與野生動物的生活息息相關，例如水鳥大多隨季節流轉而來來去去，一旦環境發生劇烈變化，賴以生存的湖泊消失了，這些動物活動恐怕也就隨之悄無聲息了。

當人類在大草原興建農舍，在農舍周遭種植樹木，又把草原變成林地，就是一種環境衝擊。即使西頓在自己所屬的土地盡力維持自然的樣貌，終究抵擋不過大環境的改變。

於是西頓心想：

「已經握在手中的金礦（意指有價值的東西），絕不能白白糟蹋。既然如此，向關心自然的人傳達與大自然和平相處之道，才是我的使命。」

理查森地松鼠。此圖繪於西頓生活於曼尼托巴的時期。

西頓從曼尼托巴的生活中體會到，人類可以透過大自然學習事物，而這樣的學習對人類成長意義重大。

然而，大自然日漸被破壞，愈來愈遠離人類，所以西頓認為應該從「向關心自然的人傳達與自然和平相處之道」的教育做起，宣揚從大自然學習的優點與重要性。

西頓既是一位接受過專業美術教育的畫家，也具備了動物研究者的專業身分，他在當時的名聲廣為人知。

的確，透過畫作，可以在藝術界宣揚理念；而動物學的研究成果，也可以在動物學界發表。然而，「向關心自然的人傳達與大自然和平相處之道」該怎麼做？西頓毫無頭緒。不只西頓，當時誰也沒有想過這些問題。

這時西頓興起一個念頭，他要回到自己不喜歡的大城市，思考推行理念的作法。

為了實現這個願景，西頓不可能帶著賓果同行。

賓果在拓荒地農場一直過著野生動物般的生活，西頓也很欣慰賓果能夠如此自由自在。因此西頓認為，與其讓賓果到都會生活，最終成為人類豢養的寵物，還不如讓賓果在好友戈登的農場逍遙度日來得幸福。

無論如何，賓果待在戈登的農場，還可以過著與西頓在一起時的相同生活，而且當西頓回到農場時，也能乘機探望賓果，和牠團聚。

至於「從大自然學習的重要性」這個理念的推廣，西頓找到什麼方法呢？

西頓耗費十年苦心研究的心血，最終寫成了《我所知道的野生動物》（*Wild Animals I Have Known*，一八九八年，台灣譯為《動物記》）這本動物故事集。這本書成功將西頓的自然觀點傳遞給四歲乃至九十四歲、擁有赤子之心的讀者。

整本書從故事內容、插圖、封面到扉頁，都由西頓親手繪製，儼然是一件精美的藝術品。

這本書也讓西頓獲得了「動物文學之父」的美稱。

賓果的故事和狼王羅伯的故事，同樣都收錄在這本書中。由此可見，西頓一直將賓果視為野生動物呢！

# Q 為什麼西頓自稱「獵人」？

遠古時代的人類都是獵人。在石器時代的遺跡中可以發現大量石製的箭頭，表示當時人類已經開始利用弓箭來狩獵。狩獵時必須接近動物，而為了接近動物，則得學會追蹤足跡。石器時代的人類，應該個個都是追蹤足跡的高手吧！

西頓在一八八二年移居曼尼托巴省的坎伯利農場。為了成為一名優秀的獵人，他到桑德丘去追蹤鹿的足跡。西頓認為，要成為一名動物學家，先成為一名獵人才是務實的作法。因為當時動物學專書中對動物生態的說明，幾乎都是動物學家以獵人的描述為基礎撰寫而成。比如說，英國探險家山繆．赫恩（Samuel Hearne）的日記《朝向北海》，就是描述河狸習性最優秀的作品。

英國動物學家約翰．理查森（John Richardson）如此評價：「描述河狸生活最優秀的報導，就是山繆．赫恩的日記。這本日記的內容和我從印地安獵人那兒所聽到的資訊簡直一模一樣。」也就是說，赫恩與理查德森都是從原住民獵人身上獲得關於動物習性的知識。若果真如此，那麼成為一名獵人，的確是了解動物的捷徑。

西頓找到鹿的足跡之後，如此推論道：「如果跟著雪上的點點足跡走，在遠方的盡頭，一定會發現留下足跡的動物。」

西頓在桑德丘追蹤鹿的足跡數百公里後，終於與鹿有了一場美麗的邂逅。他好不容易追上一頭公鹿，望著公鹿的身影，心中的感動油然而生，他讚嘆道：「多麼美麗的生物啊！」本來想用槍狩獵的想法

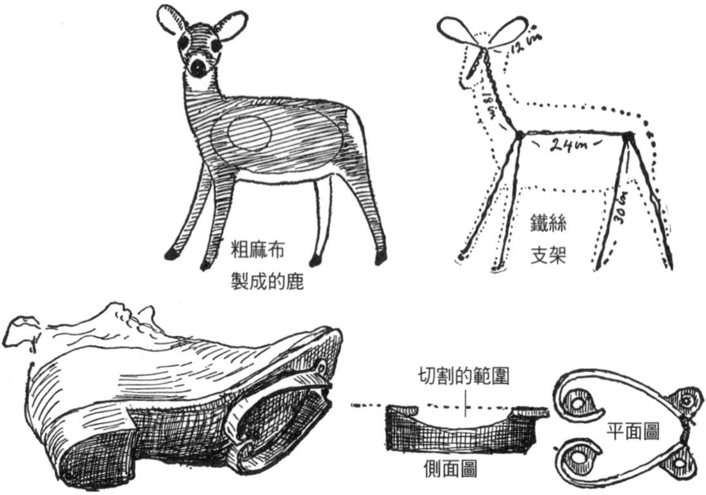


鞋底有模擬腳印的裝置。用這雙鞋子走路，刻意留下腳印。把用鐵絲和麻布製成的假鹿藏在森林裡，練習追蹤足跡把鹿找出來。

瞬間消失得無影無蹤。也就是說，西頓追蹤動物的足跡很快樂，但他也理解到，自己打從心底不想殺害任何動物。

這也是石器時代獵人的心境。畢竟以前的獵人成天都在追趕動物，很多時候也會疲憊不堪、感到厭倦吧！然而，若半途就心生厭倦，是永遠追不上動物的。獵人必須對狩獵

循著足跡找到鹿之後就大喊：「找到了！鹿在那裡！」接著拿出弓箭射鹿。摘自雜誌《美國田園生活》（*Country Life in America*）。

樂在其中，才能成功追捕到獵物。

此外，西頓在桑德丘和原住民獵人查斯卡成為了好友。西頓這樣形容查斯卡：「他待人接物溫和而磊落，擁有一種難以言喻的魅力。我從他身上學習到十分豐富的野外求生技能（意指在森林生存的技能）。」

西頓追蹤鹿的足跡，和查斯卡一起體驗野營生活長達兩個月，學習原住民的狩獵文化。

西頓的夢想是成為一名動物學家，所以不像一般獵人只鎖定某種特定動物捕獵，而是對所有動物都興趣盎然。比如對於如何捕捉其他獵人看不上眼的「理查森地松鼠」，西頓這樣鉅細靡遺地描述：

「包圍巢穴的入口，然後製作一個圈套陷阱，在三公尺外匍匐等候著，只要獵物一出現，立刻拉動陷阱椿和繩子。常見的辦法是在洞口吹口哨，引誘獵物離開巢穴。」從上述文字可知，與其抓到獵物，西頓更享受捕捉獵物的過程。

原住民獵人查斯卡

Snaring the groundsquirrell.
在理查森地松鼠巢穴附近埋伏的西頓

# Q 為什麼西頓被捕獸器夾住時，馬兒不離開呢？

當西頓被陷阱困住時，他的馬如果想跑掉，隨時都可跑走的。因為當西頓對著逐漸逼近的郊狼大吼出聲，馬兒便受驚跑了一小段路，顯示馬兒並沒有被韁繩套住。

西頓的馬兒之所以沒有離開，是因為牠是西部的馬。西部的馬受過嚴格訓練，當騎士下馬後，把韁繩放在地上，就表示要求馬兒在原地等待。當馬兒接收到這個訊息，就會安分地待在原地等待騎士回來，不會離開。

我們可以推測，就算這匹馬意識到西頓被陷阱困住而動彈不得，也會一直待在原地，因為牠受過訓練，沒有命令是不能隨意走動的。從故事中的描述看得出來，即使是可怕的郊狼逼近，西頓的馬兒也絲毫不為所動，真不愧是西部的馬。

另一方面，西頓遇上麻煩，希望馬兒機靈一點走向自己，或者丟下他自己先跑回家，則是因為受困於陷阱，在絕望中產生的念頭。

## Q 什麼是地鼠丘？

地鼠是一種住在大草原的囓齒類動物，牠們會用大大的前腳爪在地下挖洞築巢。下圖為西頓所繪地鼠正在挖洞的樣子。

圖左上角的隧道上方有一座宛如火山的小土堆，就是地鼠丘。雖然外觀和鼴鼠丘一模一樣，但是鼴鼠是用前腳把挖出來的土推到地表上，而地鼠則是用頭把土頂到地表。

正在挖隧道的地鼠（囊鼠）。

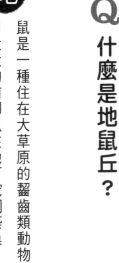

## Q 西頓離開農場後，過著什麼樣的生活呢？

在《愛犬賓果》這個故事當中，西頓寫道：「一八八四年，我離開了曼尼托巴省，成為畫家在紐約的印刷公司工作。」當時，西頓在「威廉與派翠克」印刷公司工作，也因此結識了出版社的編輯。

於是他開始與紐約的畫家互相交流，在夜間的繪畫學校學習人像畫，和動物學家討論動物學知識，或請知名藝術家指點自己的繪畫技巧。

工作經驗的累積與豐富人脈的建立，讓西頓找到日後維生的方

西頓為《世紀辭典》的出版所繪製的愛情鳥（情侶鸚鵡，Agapornis cana）。

式。

然而，另一方面，西頓卻無法忍受被公司工作束縛的不自由。

他強烈意識到自己無法離開大自然生活，於是又毅然辭掉工作，回到了曼尼托巴。

西頓真正離開拓荒地農場是在一八八四年的秋天，也就是他的哥哥關閉農場的時候。

當時，西頓的哥哥亞瑟進入曼尼托巴的齒科大學就讀，正準備成為一名牙醫。

西頓雖然回到曼尼托巴，卻幾乎沒有待在坎伯利的農場，反而乘著獨木舟橫越河川和湖泊到處旅行，或是跟著原住民獵人查斯卡在桑德丘森林狩獵。

那麼，西頓要怎麼賺錢過日子呢？原來，他靠著畫作的訂單來維生。

當時，許多動物學家都向他訂購大量的動物畫；某出版社為了出版一本大辭典，也跟他預訂了五千張繪畫。西頓就在多倫多的父母家中完成了這些繪畫工作。

從此以後，一邊幫忙出版社做事，一邊旅行研究大自然，就成為西頓主要的生活模式了。

## Q 人和動物真的可以當朋友嗎？

其實，並不是長時間相處在一起，才叫朋友。在很多關係中，就算彼此相隔遙遠，也能常保情誼。距離並不是真正的問題。然而，雙方關係親近，通常是友誼存在的證據，或者是培養友誼的契機。

西頓曾說：「在動物的世界中，有著跨越物種的友情。」他引述了一名動物學家霍金的隨筆。霍金有一回出門進行野外調查，當他和同伴一起吃中餐休息時，發現有兩隻動物接近，他悄悄通知了同伴。「我們一直不動聲色地待在原地，那兩隻動物一直跑到距離我們

只剩六、七公尺的地方，也沒發現有人類在場。郊狼跑在前面，狗獾則緊跟在郊狼身後拚命追趕，牠們似乎玩得興高采烈。」

當然，人類和動物也可以成為好朋友。西頓非常喜歡關於七歲少年哈利·賽維斯與狗獾之間的友情故事。

哈利到溫尼伯附近的朋友家玩，結果出門後就莫名失蹤了。兩星期後，他被附近的人發現待在狗獾的巢穴中，和狗獾相處了好一段時間。

西頓如此描述這個故事：「哈利對父母說，他出門玩的時候遇上暴風雨，所以急忙鑽進洞穴中躲雨。不久，一隻狗獾跑了進來，還抓傷他的臉。但是哈利並沒有離開狗獾的巢穴。接著狗獾帶著食物回

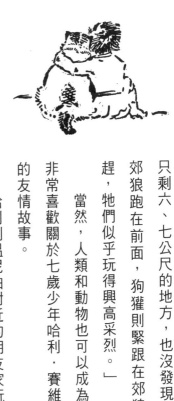

來，雙方又發生衝突，吵了架，後然狗獾竟然開始把食物分給哈利吃。從那之後，狗獾好幾次都從外面帶食物回來跟哈利分享呢。」

哈利被大家尋獲時，他和狗獾已經成為朋友，哈利還因為捨不得離開狗獾而大哭一場呢！

響尾蛇和短耳鴞也會利用土撥鼠挖過的洞穴來躲藏。右邊是土撥鼠。

# 圖版出處

## ※ 西頓的著作，以及刊載西頓繪畫作品的書籍或雜誌

《我所知道的野生動物》（*Wild Animals I Have Known*）
《野生動物的生存之道》（*Wild Animal Ways*）
《家裡的野生動物》（*Wild Animals At Home*）
《動物美術解剖學研究》（*Studies in the Art Anatomy of Animals*）
《動物的狩獵生活》（*Lives of Game Animals Vol.1, Vol.4*）
《桑德丘雄鹿的足跡》（*The Trail of The Sandhill Stag*）
《銀狐傳》（*Biography of A Silver Fox*）
《灰熊傳》（*The Biography of A Grizzly*）
《兩個小野人》（*Two Little Savages*）
《森林生活指南》（*The Book of Woodcraft*）
《給女孩的森林生活指南》（*Woodcraft Manual for Girls*）
《林間居民手冊》（*The Forester's Manual*）
《森林神話寓言》（*Woodmyth and Fable*）
《西頓自傳》（*Trail of an Artist-Naturalist*）
《曼尼托巴的西頓》（*Ernest Thompson Seton in Manitoba*）
《美國女孩雜誌》（*American Girl*）
《田園生活雜誌》（*Country Life*）

## ※ 茱莉亞・西頓的著作

《在熊熊燃燒的火焰旁》（*By A Thousand Fires*）

為編纂本書而拍攝的原畫和照片資料，承蒙菲爾蒙特博物館「西頓紀念圖書館」（Philmont Museum-Seton Memorial Library）惠予協助，特此致謝。

※ 的部分就是要拍手的地方喔！

1
賓果永永遠遠是我的好朋友
BINGO、BINGO
BINGO、奔跑吧！賓果！

2
賓果永永遠遠是我的好朋友
（※）INGO、（※）INGO
（※）INGO、奔跑吧！賓果！

3
賓果永永遠遠是我的好朋友
（※）（※）NGO、（※）（※）NGO
（※）（※）NGO、奔跑吧！賓果！

4
賓果永永遠遠是我的好朋友
（※）（※）（※）GO、（※）（※）（※）GO
（※）（※）（※）GO、奔跑吧！賓果！

5
賓果永永遠遠是我的好朋友
（※）（※）（※）（※）O、（※）（※）（※）（※）O
（※）（※）（※）（※）O、奔跑吧！賓果！

6
賓果永永遠遠是我的好朋友
（※）（※）（※）（※）（※）、（※）（※）（※）（※）（※）
（※）（※）（※）（※）（※）、奔跑吧！賓果！

# 賓果之歌（BINGO）

這首歌的旋律簡單又好記，讓我們一起練習吧！

歌詞中把「賓果」改成字母B、I、N、G、O。

從第二段歌詞開始，每一段都會依序增加用拍手代替字母的數量。

拍手的時候，如果能同時加上狗狗的叫聲：「汪！」也很好玩喔！

# 後記

《愛犬賓果》出自《我所知道的野生動物》（*Wild Animals I Have Known*）一書。讀完這個故事之後，我才知道賓果是西頓在動物學領域的啟蒙老師。

西頓二十二歲時開始飼養賓果，那時正是他剛到加拿大拓荒地，努力學習動物相關的知識。然而，西頓並沒有正式的動物學老師，也沒有教科書可以參考，而是從生存在自然界的野生動物身上，直接吸收動物知識。

這時賓果進入西頓的生命中，所以西頓當然會認為有關狗的知識，都是賓果教給他的。

西頓教導賓果怎麼照顧家畜，賓果則回饋西頓關於狗兒的生存方式，西頓和賓果互相把對方視為重要的親密伙伴，讓彼此在拓荒地的生活更加豐富愉快。所以，西頓在故事中鉅細靡遺介紹了許多與賓果共度的快樂時光和美麗場景。

當然，西頓沒有忘記說明賓果教給他的犬類知識。例如氣味標誌等重要的發現，或是犬類動作所表達的種種意涵，並將這些栩栩如生地記錄在故事中。

與野生動物有關的知識，也包含在動物學討論的範疇，而西頓對狗的了解，則成為動物學上的重要發現。

然而，這個故事最大的魅力，在於西頓十分珍視賓果自由的生存方式，這一點在故事中展露無遺。

西頓用溫柔的心對待賓果，讓賓果每天夜晚在寬廣的拓荒地大草原上遠征、到處探險，長成為一隻野生的狗，無拘無束。

雖然市面上有許多關於愛犬的故事，但是賓果的故事，卻是唯一透過描寫狗的自由生活，讓所有人了解狗兒本質的一本書。

今泉吉晴，二〇〇九年十二月

**作者・插圖**

## 厄尼斯特・湯普森・西頓

1860 年 8 月 14 日生於英國的港灣小鎮南西爾斯。1866 年舉家搬遷到加拿大的拓荒農場。西頓從小生活在大自然中，他熱愛野生動物，夢想長大成為一名博物學家。他在倫敦和巴黎接受專業美術教育，返回加拿大後陸續發表動物的故事，著作有《我所知道的野生動物》（*Wild Animals I Have Known*）《動物的狩獵生活》（*Lives of Game Animals*）和《兩個小野人》（*Two Little Savages*）等，並在書中親自繪製大量的插圖。
西頓於 1946 年 10 月 23 日逝世於美國新墨西哥州聖塔菲自宅。

**編譯・解說**

## 今泉吉晴

動物學家，1940 年出生於東京。在山梨與岩手的山林中建造小屋，終日眺望溪流、照顧植物，觀察並研究森林裡的地鼠、野鼠、松鼠、飛鼠等小型哺乳類動物。著有《空中出現地鼠》（岩波書局）、《西頓：孩子喜愛的博物學家》（福音館書店）、《飛鼠一家》（新日本出版社）等。譯作有《湖濱散記》（小學館）、《西頓動物誌》（紀伊國屋書店），以及《亨利的工作》（福音館書店）等。

**愛犬賓果** 西頓動物記 02

**原著作者**—— 厄尼斯特．湯普森．西頓（Ernest Thompson Seton）
**編譯．解說**—— 今泉吉晴
**譯者**—— 涂紋凰

**執行長**—— 陳蕙慧
**責任編輯**—— 李嘉琪（一版）、戴偉傑（二版）
**行銷企畫**—— 李逸文 吳孟儒
**封面設計**—— POULENC
**內文排版**—— OLIVE

**社長**—— 郭重興
**發行人兼出版總監**—— 曾大福

**出版**—— 木馬文化事業股份有限公司
**發行**—— 遠足文化事業股份有限公司
**地址**—— 231新北市新店區民權路108-4號8樓
**電話**—— 02-2218-1417
**傳真**—— 02-8667-1891
**Email**—— service@bookrep.com.tw
**郵撥帳號**—— 19588272木馬文化事業股份有限公司
**客服專線**—— 0800-2210-29
**法律顧問**—— 華洋國際專利商標事務所 蘇文生律師
**印刷**—— 前進彩藝有限公司
**出版日期**—— 2018（民107）年7月二版一刷
**定價**—— 250元
**ISBN**—— 978-986-359-538-0



**國家圖書館出版品預行編目(CIP)資料**

愛犬賓果 / 厄尼斯特.湯普森.西頓(Ernest Thompson Seton)著；今泉吉晴編譯解說；涂紋凰譯. -- 二版. -- 新北市：木馬文化出版：遠足文化發行, 2018.07 面； 公分. -- (西頓動物記；2)
譯自：わたしの愛犬ビンゴ
ISBN 978-986-359-538-0 (平裝)
1.動物 2.兒童讀物
380.8 107007202